畜禽养殖氨排放核算技术方法研究

王文林　吴根义　刘波　张爱国　杜薇　李文静　邹长新　等 著

中国环境出版集团・北京

图书在版编目（CIP）数据

畜禽养殖氨排放核算技术方法研究/王文林等著.
—北京：中国环境出版集团，2020.12
ISBN 978-7-5111-4577-2

Ⅰ. ①畜… Ⅱ. ①王… Ⅲ. ①畜禽—养殖业—氨—排气—统计核算—研究 Ⅳ. ①X511

中国版本图书馆 CIP 数据核字（2020）第 263755 号

出 版 人 武德凯
责任编辑 韩 睿
责任校对 任 丽
封面设计 岳 帅

出版发行 中国环境出版集团
（100062 北京市东城区广渠门内大街 16 号）
网 址：http://www.cesp.com.cn
电子邮箱：bjgl@cesp.com.cn
联系电话：010-67112765（编辑管理部）
发行热线：010-67125803，010-67113405（传真）
印 刷 北京中科印刷有限公司
经 销 各地新华书店
版 次 2020 年 12 月第 1 版
印 次 2020 年 12 月第 1 次印刷
开 本 787×960 1/16
印 张 14
字 数 220 千字
定 价 52.00 元

《畜禽养殖氨排放核算技术方法研究》

编委会

主要著作者 王文林 吴根义 刘 波 张爱国 杜 薇

李文静 邹长新

其他著作者（以汉语拼音排序）

曹秉帅 陈东升 戴铄蕴 顾羊羊 韩宇捷

贺德春 廖小文 施常洁 童 仪 徐德琳

严 岩 张 弛 张孝飞

前　言

全国污染源普查是重大的国情调查，是生态环境保护的基础性工作。开展第二次全国污染源普查，掌握各类污染源的数量、行业和地区分布情况，了解主要污染物产生、排放和处理情况，建立健全重点污染源档案、污染源信息数据库和环境统计平台，对于准确判断我国当前环境形势，制定、实施有针对性的经济社会发展和环境保护政策、规划，不断改善环境质量，加快推进生态文明建设，补齐全面建成小康社会的生态环境短板具有重要意义。《国务院关于开展第二次全国污染源普查的通知》（国发〔2016〕59号）要求2017年开展第二次全国污染源普查（以下简称“二污普”）。

近年来我国雾霾天气频发，氨作为大气中$PM_{2.5}$形成的重要前体物，在雾霾形成中起着关键作用，欧美发达国家的$PM_{2.5}$控制实践表明，在二氧化硫、氮氧化物基本得到控制的情况下，通过对气态氨排放进行同步削减，可以大幅降低大气环境中的细粒子浓度，实现环境空气质量的大幅提升。研究表明，我国农业源氨排放量占人为源氨排放总量的80%以上，而畜禽养殖氨排放又是农业源氨的最主要来源。“二污普”首次将畜禽养殖氨排放纳入普查。第一次全国污染源普查（以下简称“一污普”）建立了养殖场典型清粪工艺（产污因素）与处理模式（排放因素）相结合的水污染物排放核算技术体系，因此，基于畜禽养殖氨排放特点，开展畜禽养殖氨排放核算技术方法研究，建立与畜禽养殖水污染物普查框架下的普查报表相适应的氨排放核算体系，对于实现“二污普”畜禽养殖气、水协同普查目标具有重要意义。

“一污普”鉴于畜禽养殖污水末端排放特点，提出了养殖场整体排放系数，进而构建了污染物整体核算的方法。氨等气体污染物的排放贯穿圈舍养殖、粪污存储与处置各个环节，“二污普”氨排放核算如何满足各节点排放进而体现代表性？“一污普”构建了全国分大区监测、按体重获取畜禽水污染物产排污系数进而进行核算的方法，但也带来了系数精度较粗导致大区间相邻县（区）养殖情况相似但产排污量差异较大的问题，氨排放核算如何满足高时空分辨率要求？在实际监测过程中，畜禽生长阶段的不同会产生很大的结果差异。此外，养殖场内存在不同育雏阶段牲畜，如育肥猪与母猪、产奶牛与育雏牛等，其排放量差异很大，而排放量一般只针对某一类畜禽，氨排放核算如何满足标准化、归一性要求？我国幅员辽阔，系数之间差异较大，且畜禽养殖氨监测方法较多，系数结果可比性较差，难以统一，故氨排放核算如何才能满足准确性要求？

为破解上述问题，在深入分析畜禽氨排放特征及关键影响因素的基础上，结合我国畜禽养殖业生产实际，建立了集畜禽养殖氨布点监测、系数率定、排放核算及质量控制于一体的畜禽养殖氨排放核算技术方法体系。在布点监测方面，提出了基于畜禽氨分段式系数结构监测的总体思路，设计了获取氨排放与重要气候因素（温度与湿度）响应关系模型的常规监测点，获取畜禽不同生产阶段、育雏类型系数率定参数的系数率定监测点以及验证系数率定结果准确性的系数验证监测点。在系数率定方面，建立了基于气候分区的系数率定方法，通过将全国各县（区）实际平均温度、湿度代入对应的氨排放温湿度响应关系模型，核算该区域不同养殖模式全年氨排放量，进而获取氨排放系数，结果既体现了全国各大区内部不同区域的排放差异，又消除了不同大区相邻县（区）系数差距较大的问题，同时也简化了“二污普”报表设计和系数手册使用过程。在排放核算方面，构建了单个规模养殖场氨排放量及县（区）养殖户氨排放量核算方法，其中单个规模养殖场主要从圈舍、液态粪污、固态粪污三类场内养殖过程，对应统一的养殖量和分段的氨排放系数，分段核算汇总；县（区）养殖户则对应统一的养殖量，对应单一氨排放系数进行核算，此二类核算方法分别适于养殖企业、县（区）级政府核算使用。在质量控制方面，基于保障核算准确的目标，从布点监测、系数率定和排放核算方面，分别提出了质量控制要点。

本书是“二污普”项目“畜禽养殖业氨排放技术规范、核算方案制定及华东、西南、西北区氨排放系数率定（2018）”和“畜禽养殖业氨排放系数验证及数据审核技术支持（2019）”的重要成果，在编制过程中得到了“二污普”工作办公室等相关部门的大力支持与指导，在此一并表示感谢。由于笔者学识及水平有限，书中可能存在诸多不足甚至谬误，敬请读者批评、指正。

著 者

2020 年 7 月

目　录

第 1 章

总　论

污染源普查属于基本国情调查，农业源污染物普查是其中的一个重要部分。本书以国家生态文明建设为导向，以促进农业生产健康良性发展和农村生态环境持续改善为目标，全面了解现阶段畜禽养殖业模式、结构和分布状况等基本信息；通过现场定位监测与模拟实验监测，建立起农业生产活动基量与畜禽养殖氨排放量之间的响应关系，全面查清国家、区域尺度各类畜禽养殖氨排放量，从而准确把握畜禽养殖生产活动氨排放对环境质量影响的贡献程度及作用机制。

1.1　研究目标

全面调查我国畜禽养殖氨排放源，掌握不同地区畜禽养殖模式，厘清畜禽养殖氨排放系数结构，根据 2017 年全国典型气候分区结果，开展畜禽养殖典型模式氨排放特征监测，获取氨排放与关键影响因子（温度、湿度）之间的响应关系模型，并推导全国氨排放系数，在开展基于文献梳理、现场验证实测的氨排放校核后，最终提出适用于《第二次全国污染源普查报表制度》的县（区）级畜禽养殖氨排放系数手册，结合第三次全国农业普查中畜禽养殖生产活动水平及“二污普”入户调查数据和抽样调查数据，核算全国县（区）级畜禽养殖生产活动氨排放量，掌握全国畜禽养殖氨排放总量与时空分布特征，为推动精准治污、提升环境质量奠定科学基础。

1.2 研究内容

1.2.1 畜禽养殖氨排放系数结构与监测布点

通过文献资料查阅、现场调研等方式，开展全国 5 种畜禽（生猪、奶牛、肉牛、蛋鸡、肉鸡）养殖模式调查分析，获取规模化养殖场、养殖户圈舍养殖至粪污存储处理全过程主导养殖模式，提出畜禽养殖氨排放系数结构；基于 2017 年全国气候（温度、湿度）分区及主导养殖模式结果，提出典型规模化养殖场圈舍、液态粪污、固态粪污及养殖户就氨排放系数监测布点方法。监测点包括获取氨排放与关键影响因子（温度、湿度）之间的响应关系模型的常规监测点、消除畜禽生长阶段等影响系数精度的率定监测点和与最终系数手册进行实证比较的验证监测点。通过文献资料查阅，分析不同养殖模式氨排放特征、氨排放通量监测方法，从经济性、准确性、可操作性等方面比选出“二污普”畜禽养殖封闭式圈舍、开放式圈舍及液态粪污、固态粪污处置设施监测技术方法，研究制定氨排放通量核算方法。

1.2.2 畜禽养殖氨排放系数率定

在全面梳理国内外畜禽养殖氨排放系数研究进展的基础上，基于统一监测方法，提出了气候分区主导的畜禽养殖氨排放系数率定方法。基于氨排放与畜禽生长阶段响应关系，获得氨排放与全国气候（温度、湿度）分区结果之间的初始响应关系模型，进而基于畜禽育雏响应关系率定获取标准畜禽（标准生长阶段，考虑畜禽育雏因素）氨排放系数与全国气候（温度、湿度）分区结果之间的标准响应关系模型；根据 2017 年春季（3—5 月）、夏季（6—8 月）、秋季（9—11 月）、冬季（12 月、1—2 月）全国县（区）平均温湿度，将全国各县（区）纳入全国气候（温度、湿度）分区结果，分别对应春季、夏季、秋季和冬季的标准氨排放与全国气候（温度、湿度）分区结果之间的响应关系模型，核算四季排放量，进而根据养殖周期推导氨排放系数。

从模型清单、实测角度，梳理国内外畜禽养殖氨排放系数研究进展，比较文献氨排放系数与普查氨排放系数结构异同，分析文献氨排放系数影响因素，基于对比普查氨排放系数目标，完成文献氨排放系数标准化，提出普查氨排放系数校核方法，并开展不确定性分析。

1.2.3 畜禽养殖氨排放量核算

在系统梳理畜禽养殖氨排放核算研究进展及应用情况的基础上，围绕“二污普”畜禽养殖气、水协同普查目标，基于本土化系数实地监测，依据《第二次全国污染源普查制度》规模养殖场入户调查、县（区）养殖户政府统一填报的设计特点，构建了单个规模养殖场氨排放量及县（区）养殖户氨排放量核算方法，其中单个规模养殖场主要从圈舍、液态粪污、固态粪污三类场内养殖过程对应统一的养殖量和分段氨排放系数分段核算汇总，县（区）养殖户则对应统一的养殖量、对应单一氨排放系数核算，分别适于养殖企业、县（区）级政府核算使用。

1.2.4 质量控制

针对监测工作，对现场采样监测、数据记录、数据录入等普查过程开展质量控制与管理，汇总和分析普查数据，主要工作包括监测数据控制方法培训、典型监测点监测现场指导督查、样品复测、畜禽养殖氨排放系数校核与验证（不同监测方法比对、系数应用验证）等；针对系数率定，梳理国内外氨排放系数结果，分析模型清单类系数特征，识别国内外实测系数的主要测定模式与方法，辨析已有系数和普查实测系数的结构差异性，对标普查系数进行标准化处理，与本次普查系数结果的范围与正态分布情况对比，对普查系数进行校核验证，通过一定数量的实测点获取氨排放系数，与本次普查系数进行校核，确保普查系数的准确性；针对排放量核算，围绕核算过程中容易出现的数据错、漏、不符合逻辑等问题，提出核算质量控制要求，就核算过程中出现的典型错误提出修改意见，以提高畜禽养殖氨排放量核算的准确性。

1.3 技术路线

本书技术路线如图 1.1 所示。

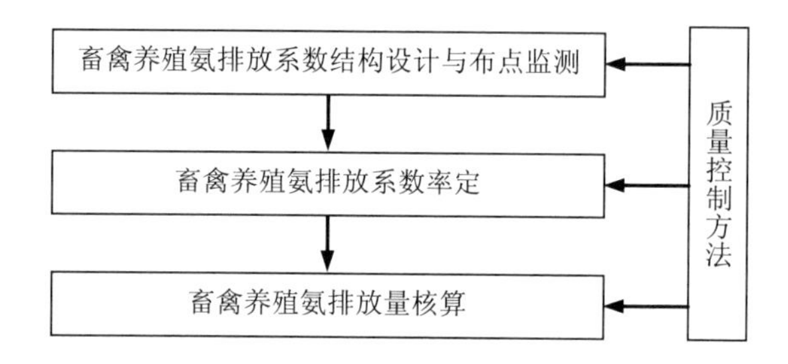

图 1.1 本书技术路线

第 2 章

畜禽养殖氨排放系数结构设计与布点监测

“二污普”首次将畜禽养殖氨排放作为农业源污染物纳入普查范围，但由于我国畜禽养殖氨排放控制工作起步较晚，缺乏基于我国畜牧业生产特性的氨排放系数。本章基于精准化管理原则，在深入分析畜禽氨排放关键影响因素的基础上，结合我国畜牧业生产实际，借鉴“一污普”畜禽养殖业污染源排放系数工作经验，研究设计了基于养殖模式与氨排放节点的系数结构，提出了基于县（区）尺度既满足地理分区要求又满足气候分区要求的氨排放系数监测布点方法。

2.1 “二污普”畜禽养殖氨排放系数制定需求

畜禽污染物排放系数是指在正常生产和管理条件下，单个畜禽单位时间产生的原始污染物经处理设施削减或利用后，或未经处理利用而直接排放到环境中的量[1]。“一污普”畜禽污染物排放系数主要是针对固体废物和污水，包括化学需氧量、总氮、总磷、铜、锌，未考虑氨等气体排放[2]。“一污普”在兼顾饲养阶段（生长阶段和育雏类型）、圈舍清粪工艺（干清粪、水冲粪、垫草垫料）、区域典型粪污处理模式和区域典型畜禽品种差异等畜禽养殖污染物排放影响因素的基础上，构建了分区监测、按体重获取饲养阶段排放系数的方法[1]，即以生猪、奶牛、肉牛、蛋鸡和肉鸡 5 种主要畜禽为对象，分为华北区、东北区、华东区、中南区、西南区和西北区六大区域，在全国范围内建立定位监测点，按照统一的监测方法开展监测，获得六大区域、5 种畜禽、特定饲养阶段（按体重）、3 种清粪工艺、6 种粪污处理模式条件下的粪便污染动态时空排放特征和迁移转化定量关系，进而建立了畜禽养殖业排污系数[2]。“一污普”畜禽养殖业污染源排污系数指导了“一污普”畜禽养殖业污染源排放量的核算与统计工作，为首次在全国范围内查清畜禽养殖业污染源排放量与农村经济发展和环境保护提供了有力的支撑，也为我国畜禽养殖污染源产排污核算研究奠定了基础。

近年来，随着我国持续推进污染防治攻坚战，突出问题导向，坚持一切从实际出发，注重精准施策已成为环境管理的新趋势[3]。精准化管理对环境保护基础性工作的全国污染源普查同样也提出了更高的要求。通过污染源普查建立准确、动态更新、高分辨率排放清单系统是识别污染来源、支撑模式模拟、分析解释观测结果和制定减排控制方案的重要基础，是实现环境管理精准施策极为关键的支撑[4]。面向精准化环境管理，“一污普”畜禽养殖业污染源排污系数很难满足新时期的需求，基于此，“二污普”对畜禽养殖业污染源排污系数提出了新的需求。

（1）完善优化系数结构，以全面体现、反映我国畜禽养殖模式特点与污染物排放特征。“一污普”畜禽养殖业污染源排污系数结构较为单一，按照各个大区圈舍清粪工艺与典型处理模式组合形式给定了养殖场整体排放系数[5]。将某一种典型模式粪污处理率作为每个大区排放系数测算依据核算普查畜禽污染排放系数，虽然一定程度上体现了清粪工艺对污染排放的影响，但是无法反映不同粪污储存处理环节对排污的作用。我国畜禽养殖模式丰富多样，尤其是随着环境管理的深入，粪污储存处理工艺存在多种类型。按照粪污形态（液态和固态），目前我国液态粪污的处理方式主要有肥水储存、固液分离、厌氧发酵、好氧处理、液体有机肥生产、氧化塘处理、人工湿地、膜处理、无处理等；固态粪污处理方式主要有堆肥发酵、固态有机肥生产、生产沼气、生产垫料、生产基质等。面对复杂多样的养殖模式，每个大区使用以单一的养殖场整体排放系数，显得代表性不强，需进一步完善优化系数结构。此外，与固体废物和污水的养殖场末端排放不同，氨等气体污染物的排放贯穿圈舍养殖、粪污存储与处置各个环节，仅用养殖场末端排放系数，不能完全反映气态污染物的排放特征。

（2）提升系数空间分辨率，在区分各地区气候条件差异的基础上，满足县（区）级微观尺度的环境管理需求。由于气候条件（温度、湿度）不同、污染物种类不同，去除效率也不相同，导致排放系数随气候条件存在差异。“一污普”通过在每个大区设定有限的监测点获取的排放系数来代表一个大区，现有地理大区分类方法并不能完全区分各地区气候条件，而我国幅员辽阔，各个大区内部气候条件存在差异。以华北地区为例，其由南往北跨越 22 个纬度，大区内气候条件差异巨大。因而以一个大区的单一排放系数核算获得的排放量无法体现大区内的地域养殖差异。同时隶属不同大区但地区相邻，虽然地域跨度范围很小、气候差异不明显，但由于隶属不同大区而采用不同的排放系数会出现很大的差异。“一污普”畜禽养殖排污系数在一定程度上体现了地理分区差异，虽然在大区宏观尺度上对污染物排放核算具有一定的准确性，但是由于空间分辨率较低，无法体现各地的养殖实际情况和气候分区对污染物排放的影响，也无法解读县（区）级微观尺度的排放差异。相较于固态污染物和污水排放，氨等气态污染物受气候因素影响的敏感性更强，基于县（区）级微观尺度提高系数的空间分辨率可体现关键影响因素的作用。

（3）简化系数手册使用流程，以提高系数准确度。“一污普”以平均体重为饲养阶段排污系数的确定依据，准确性偏低且系数手册使用流程操作烦琐。一方面，畜禽在生长周期中是连续排污过程，以某一生长阶段的排污系数代表整个养殖周期内排污准确性不高。另一方面，以按各大区的某畜禽平均体重划分出多个饲养阶段为依据，通过查询系数手册获取系数的使用流程中，由于获取与系数对应的养殖基量的操作过程过于烦琐，极易导致核算误差。以生猪为例，按照育雏关系划分为肥猪和妊娠母猪两类，其中，肥猪按体重进一步划分为保育和育肥两个生长阶段。首先，需要分别通过查询报表获取核算区域的妊娠母猪、保育肥猪和育肥肥猪的数量和体重。其次，通过核算区域各类型畜禽在每个阶段的平均体重查询系数手册以获取对应的排放系数，若与所在大区参考体重不符，则需通过公式进一步换算来获取系数。系数与对应的养殖基量获取过程烦琐不便于操作且容易造成核算误差。

针对上述需求，在深入分析畜禽氨排放特征及关键影响因素的基础上，结合我国畜禽养殖业生产实际，本书提出了基于畜禽氨排放分段式系数结构监测的总体思路，设计了获取氨排放与重要影响因素响应关系模型的常规监测点、获取畜禽不同生产阶段和育雏类型系数率定参数的系数率定监测点以及验证系数率定结果准确性的系数验证监测点，并进行了应用，从而为“二污普”畜禽氨排放系数监测提供技术支持。

2.2 系数结构设计

2.2.1 畜禽养殖氨排放系数结构设计

“二污普”畜禽养殖氨排放普查的工作范围为生猪、奶牛、肉牛、蛋鸡、肉鸡5 种畜禽。基于农业普查规模化养殖的规定，将养殖场分为规模化养殖场和养殖户两种类型①。依据圈舍结构、清粪方式、固态粪污处理方式、液态粪污处理方式，通过文献梳理、现场调研等方式，开展全国畜禽养殖业（生猪、奶牛、肉牛、蛋鸡、肉鸡）养殖模式调查，获取规模化养殖场、养殖户圈舍养殖至粪污存储处理全过程养殖模式，提出畜禽养殖氨排放系数结构（图 2.1）。

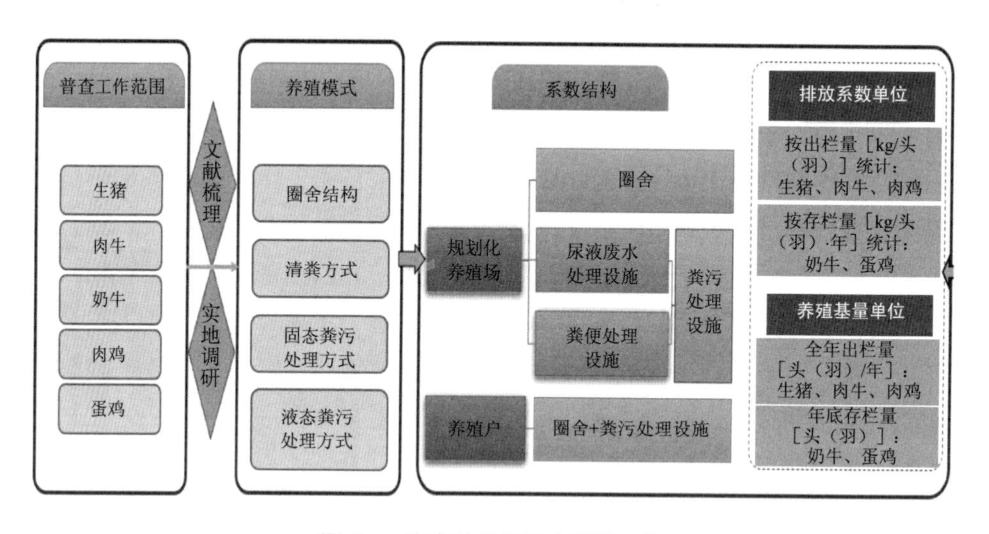

图 2.1 畜禽养殖氨排放系数结构

考虑养殖规模因素，将畜禽养殖氨排放系数分为规模化养殖场排放系数与养殖户排放系数。规模化养殖场排放系数包括圈舍系数、液态粪污处理设施系数和固态粪污处理设施系数。养殖户排放系数为综合系数（圈舍+粪污处理设施）。畜

① 基于农普规模化养殖规定，规模化畜禽养殖规模为：生猪出栏量≥500 头，奶牛存栏量≥100 头，肉牛出栏量≥50 头，蛋鸡存栏量≥2 000 羽，肉鸡出栏量≥10 000 羽，其他低于规模化养殖标准的均为规模以下养殖户。

禽养殖氨排放系数单位分为两种形式：一是以全年出栏量［头（羽）/年］统计的生猪、肉牛、肉鸡的氨排放系数，单位为 kg/头（羽）；二是以年底存栏量［头（羽）］统计的奶牛、蛋鸡的氨排放系数，单位为 kg/［头（羽）·年］。考虑养殖模式因素，对不同类型圈舍通风方式、液态粪污处理设施和固态粪污处理设施做进一步细分。目前我国畜禽养殖圈舍通风方式主要有封闭式和开放式，清粪方式包括人工干清粪、机械干清粪、垫草垫料、高床养殖、水冲粪、水泡粪等；液态粪污的处理方式主要有肥水储存、固液分离、厌氧发酵、好氧处理、液体有机肥生产、氧化塘处理、人工湿地、膜处理、无处理等；固态粪污处理方式主要有堆肥发酵、固态有机肥生产、生产沼气、生产垫料、生产基质等[1]。通过对这些类型系数进行全覆盖监测，显著提升了系数的代表性。

规模化养殖场系数对应规模畜禽养殖场入户调查表（详见《第二次全国污染源普查报表制度》的规模畜禽养殖场基本情况 N101 表）中圈舍清粪方式、圈舍通风方式、养殖设施类型、尿液废水处理设施、粪便处理方式等统计指标。养殖户系数与养殖户调查表［详见《第二次全国污染源普查报表制度》的县（区、市、旗）规模以下养殖户养殖量及粪污处理情况 N202 表］中县（区、市、旗）不同畜禽种类养殖户数量、存/出栏量等统计指标相对应。

设计规模化养殖氨排放普查系数结构见表 2.1～表 2.3，养殖户氨排放普查系数结构见表 2.4。

表 2.1　规模化养殖场圈舍氨排放普查系数结构

排放节点	养殖种类	系数单位	系数结构		筛选
圈舍	生猪	kg/头	封闭式	人工干清粪	★
				机械干清粪	☆
				垫草垫料	☆
				高床养殖	☆
				水冲粪	★
				水泡粪	★
			开放式	人工干清粪	★
				机械干清粪	☆
				垫草垫料	★
				高床养殖	☆
				水冲粪	★
				水泡粪	★

排放节点	养殖种类	系数单位	系数结构		筛选
圈舍	奶牛	kg/（头·年）	封闭式	人工干清粪	☆
				机械干清粪	☆
				垫草垫料	☆
				高床养殖	☆
				水冲粪	☆
				水泡粪	☆
			开放式	人工干清粪	★
				机械干清粪	☆
				垫草垫料	☆
				高床养殖	☆
				水冲粪	☆
				水泡粪	☆
	肉牛	kg/头	封闭式	人工干清粪	☆
				机械干清粪	☆
				垫草垫料	☆
				高床养殖	☆
				水冲粪	☆
				水泡粪	☆
			开放式	人工干清粪	★
				机械干清粪	☆
				垫草垫料	☆
				高床养殖	☆
				水冲粪	☆
				水泡粪	☆
	蛋鸡	kg/（羽·年）	封闭式	人工干清粪	★
				机械干清粪	☆
				垫草垫料	☆
				高床养殖	☆
				水冲粪	☆
				水泡粪	☆
			开放式	人工干清粪	☆
				机械干清粪	☆
				垫草垫料	☆
				高床养殖	☆
				水冲粪	☆
				水泡粪	☆

排放节点	养殖种类	系数单位	系数结构		筛选
圈舍	肉鸡	kg/羽	封闭式	人工干清粪	★
				机械干清粪	☆
				垫草垫料	☆
				高床养殖	☆
				水冲粪	☆
				水泡粪	☆
			开放式	人工干清粪	☆
				机械干清粪	☆
				垫草垫料	☆
				高床养殖	☆
				水冲粪	☆
				水泡粪	☆

注：★表示设计监测点；☆表示类比点（点位筛选标准见 2.3）。

表 2.2　规模化养殖场液态粪污氨排放普查系数结构

排放节点	养殖种类	系数单位	系数结构		筛选	排放节点	养殖种类	系数单位	系数结构		筛选
液态粪污处理设施	生猪	kg/头	人工干清粪	肥水储存	★	液态粪污处理设施	奶牛	kg/（头·年）	人工干清粪	肥水储存	★
				固液分离	×					固液分离	×
				厌氧发酵	★					厌氧发酵	★
				好氧处理	★					好氧处理	★
				液体有机肥生产	×					液体有机肥生产	×
				氧化塘处理	×					氧化塘处理	×
				人工湿地	☆					人工湿地	☆
				膜处理	×					膜处理	×
				无处理	×					无处理	×
				其他	×					其他	×
			机械干清粪	肥水储存	☆				机械干清粪	肥水储存	☆
				固液分离	×					固液分离	×
				厌氧发酵	☆					厌氧发酵	☆
				好氧处理	☆					好氧处理	☆
				液体有机肥生产	×					液体有机肥生产	×
				氧化塘处理	×					氧化塘处理	×
				人工湿地	☆					人工湿地	☆
				膜处理	×					膜处理	×
				无处理	×					无处理	×
				其他	×					其他	×

排放节点	养殖种类	系数单位	系数结构		筛选
液态粪污处理设施	生猪	kg/头	垫草垫料	肥水储存	☆
				固液分离	×
				厌氧发酵	☆
				好氧处理	☆
				液体有机肥生产	×
				氧化塘处理	×
				人工湿地	☆
				膜处理	×
				无处理	×
				其他	×
			高床养殖	肥水储存	☆
				固液分离	×
				厌氧发酵	☆
				好氧处理	☆
				液体有机肥生产	×
				氧化塘处理	×
				人工湿地	☆
				膜处理	×
				无处理	×
				其他	×
			水冲粪	肥水储存	★
				固液分离	×
				厌氧发酵	★
				好氧处理	★
				液体有机肥生产	×
				氧化塘处理	×
				人工湿地	☆
				膜处理	×
				无处理	×
				其他	×
			水泡粪	肥水储存	★
				固液分离	×
				厌氧发酵	★
				好氧处理	★
				液体有机肥生产	×
液态粪污处理设施	奶牛	kg/(头·年)	垫草垫料	肥水储存	☆
				固液分离	×
				厌氧发酵	☆
				好氧处理	☆
				液体有机肥生产	×
				氧化塘处理	×
				人工湿地	☆
				膜处理	×
				无处理	×
				其他	×
			高床养殖	肥水储存	☆
				固液分离	×
				厌氧发酵	☆
				好氧处理	☆
				液体有机肥生产	×
				氧化塘处理	×
				人工湿地	☆
				膜处理	×
				无处理	×
				其他	×
			水冲粪	肥水储存	☆
				固液分离	×
				厌氧发酵	☆
				好氧处理	☆
				液体有机肥生产	×
				氧化塘处理	×
				人工湿地	☆
				膜处理	×
				无处理	×
				其他	×
			水泡粪	肥水储存	☆
				固液分离	×
				厌氧发酵	☆
				好氧处理	☆
				液体有机肥生产	×

排放节点	养殖种类	系数单位	系数结构		筛选	排放节点	养殖种类	系数单位	系数结构		筛选
液态粪污处理设施	生猪	kg/头	水泡粪	氧化塘处理	×	液态粪污处理设施	奶牛	kg/(头·年)	水泡粪	氧化塘处理	×
				人工湿地	☆					人工湿地	☆
				膜处理	×					膜处理	×
				无处理	×					无处理	×
				其他	×					其他	×
	肉牛	kg/头	人工干清粪	肥水储存	★		蛋鸡	kg/(羽·年)	人工干清粪	肥水储存	★
				固液分离	×					固液分离	×
				厌氧发酵	★					厌氧发酵	★
				好氧处理	★					好氧处理	×
				液体有机肥生产	×					液体有机肥生产	×
				氧化塘处理	×					氧化塘处理	×
				人工湿地	☆					人工湿地	×
				膜处理	×					膜处理	×
				无处理	×					无处理	×
				其他	×					其他	×
			机械干清粪	肥水储存	☆				机械干清粪	肥水储存	☆
				固液分离	×					固液分离	×
				厌氧发酵	☆					厌氧发酵	☆
				好氧处理	☆					好氧处理	×
				液体有机肥生产	×					液体有机肥生产	×
				氧化塘处理	×					氧化塘处理	×
				人工湿地	☆					人工湿地	×
				膜处理	×					膜处理	×
				无处理	×					无处理	×
				其他	×					其他	×
			垫草垫料	肥水储存	☆				垫草垫料	肥水储存	☆
				固液分离	×					固液分离	×
				厌氧发酵	☆					厌氧发酵	☆
				好氧处理	☆					好氧处理	×
				液体有机肥生产	×					液体有机肥生产	×
				氧化塘处理	×					氧化塘处理	×
				人工湿地	☆					人工湿地	×
				膜处理	×					膜处理	×
				无处理	×					无处理	×
				其他	×					其他	×

排放节点	养殖种类	系数单位	系数结构		筛选
液态粪污处理设施	肉牛	kg/头	高床养殖	肥水储存	☆
				固液分离	×
				厌氧发酵	☆
				好氧处理	☆
				液体有机肥生产	×
				氧化塘处理	×
				人工湿地	☆
				膜处理	×
				无处理	×
				其他	×
			水冲粪	肥水储存	☆
				固液分离	×
				厌氧发酵	☆
				好氧处理	☆
				液体有机肥生产	×
				氧化塘处理	×
				人工湿地	☆
				膜处理	×
				无处理	×
				其他	×
			水泡粪	肥水储存	☆
				固液分离	×
				厌氧发酵	☆
				好氧处理	☆
				液体有机肥生产	×
				氧化塘处理	×
				人工湿地	☆
				膜处理	×
				无处理	×
				其他	×
	肉鸡	kg/羽	人工干清粪	肥水储存	★
				固液分离	×
				厌氧发酵	★
				好氧处理	×
				液体有机肥生产	×
液态粪污处理设施	蛋鸡	kg/(羽·年)	高床养殖	肥水储存	☆
				固液分离	×
				厌氧发酵	☆
				好氧处理	×
				液体有机肥生产	×
				氧化塘处理	×
				人工湿地	×
				膜处理	×
				无处理	×
				其他	×
			水冲粪	肥水储存	☆
				固液分离	×
				厌氧发酵	☆
				好氧处理	×
				液体有机肥生产	×
				氧化塘处理	×
				人工湿地	×
				膜处理	×
				无处理	×
				其他	×
			水泡粪	肥水储存	☆
				固液分离	×
				厌氧发酵	☆
				好氧处理	×
				液体有机肥生产	×
				氧化塘处理	×
				人工湿地	×
				膜处理	×
				无处理	×
				其他	×
	肉鸡	kg/羽	高床养殖	肥水储存	☆
				固液分离	×
				厌氧发酵	☆
				好氧处理	×
				液体有机肥生产	×

排放节点	养殖种类	系数单位	系数结构		筛选
液态粪污处理设施	肉鸡	kg/羽	人工干清粪	氧化塘处理	×
				人工湿地	×
				膜处理	×
				无处理	×
				其他	×
			机械干清粪	肥水储存	☆
				固液分离	×
				厌氧发酵	☆
				好氧处理	×
				液体有机肥生产	×
				氧化塘处理	×
				人工湿地	×
				膜处理	×
				无处理	×
				其他	×
			垫草垫料	肥水储存	☆
				固液分离	×
				厌氧发酵	☆
				好氧处理	×
				液体有机肥生产	×
				氧化塘处理	×
				人工湿地	×
				膜处理	×
				无处理	×
				其他	×
液态粪污处理设施	肉鸡	kg/羽	高床养殖	氧化塘处理	×
				人工湿地	×
				膜处理	×
				无处理	×
				其他	×
			水冲粪	肥水储存	☆
				固液分离	×
				厌氧发酵	☆
				好氧处理	×
				液体有机肥生产	×
				氧化塘处理	×
				人工湿地	×
				膜处理	×
				无处理	×
				其他	×
			水泡粪	肥水储存	☆
				固液分离	×
				厌氧发酵	☆
				好氧处理	×
				液体有机肥生产	×
				氧化塘处理	×
				人工湿地	×
				膜处理	×
				无处理	×
				其他	×

注：★表示设计监测点；☆表示类比点；×表示极小舍弃点（点位筛选标准见 2.3）。

表 2.3 规模化养殖场固态粪污氨排放普查系数结构

排放节点	养殖种类	系数单位	系数结构		筛选	排污环节	养殖种类	系数单位	系数结构		筛选
固态粪污处理设施	生猪	kg/头	人工干清粪	堆肥发酵	★	固态粪污处理设施	奶牛	kg/（头·年）	人工干清粪	堆肥发酵	★
				固态有机肥生产	☆					固态有机肥生产	☆
				生产沼气	×					生产沼气	×
				生产垫料	×					生产垫料	×
				生产基质	×					生产基质	×
				其他	×					其他	×
			机械干清粪	堆肥发酵	☆				机械干清粪	堆肥发酵	☆
				固态有机肥生产	☆					固态有机肥生产	☆
				生产沼气	×					生产沼气	×
				生产垫料	×					生产垫料	×
				生产基质	×					生产基质	×
				其他	×					其他	×
			垫草垫料	堆肥发酵	☆				垫草垫料	堆肥发酵	☆
				固态有机肥生产	☆					固态有机肥生产	☆
				生产沼气	×					生产沼气	×
				生产垫料	×					生产垫料	×
				生产基质	×					生产基质	×
				其他	×					其他	×
			高床养殖	堆肥发酵	☆				高床养殖	堆肥发酵	☆
				固态有机肥生产	☆					固态有机肥生产	☆
				生产沼气	×					生产沼气	×
				生产垫料	×					生产垫料	×
				生产基质	×					生产基质	×
				其他	×					其他	×
			水冲粪	堆肥发酵	☆				水冲粪	堆肥发酵	☆
				固态有机肥生产	☆					固态有机肥生产	☆
				生产沼气	×					生产沼气	×
				生产垫料	×					生产垫料	×
				生产基质	×					生产基质	×
				其他	×					其他	×
			水泡粪	堆肥发酵	☆				水泡粪	堆肥发酵	☆
				固态有机肥生产	☆					固态有机肥生产	☆
				生产沼气	×					生产沼气	×

排放节点	养殖种类	系数单位	系数结构		筛选	排污环节	养殖种类	系数单位	系数结构		筛选
固态粪污处理设施	生猪	kg/头	水泡粪	生产垫料	×	固态粪污处理设施	奶牛	kg/（头·年）	水泡粪	生产垫料	×
				生产基质	×					生产基质	×
				其他	×					其他	×
	肉牛	kg/头	人工干清粪	堆肥发酵	★		蛋鸡	kg/（羽·年）	人工干清粪	堆肥发酵	★
				固态有机肥生产	☆					固态有机肥生产	☆
				生产沼气	×					生产沼气	×
				生产垫料	×					生产垫料	×
				生产基质	×					生产基质	×
				其他	×					其他	×
			机械干清粪	堆肥发酵	☆				机械干清粪	堆肥发酵	☆
				固态有机肥生产	☆					固态有机肥生产	☆
				生产沼气	×					生产沼气	×
				生产垫料	×					生产垫料	×
				生产基质	×					生产基质	×
				其他	×					其他	×
			垫草垫料	堆肥发酵	☆				垫草垫料	堆肥发酵	☆
				固态有机肥生产	☆					固态有机肥生产	☆
				生产沼气	×					生产沼气	×
				生产垫料	×					生产垫料	×
				生产基质	×					生产基质	×
				其他	×					其他	×
			高床养殖	堆肥发酵	☆				高床养殖	堆肥发酵	☆
				固态有机肥生产	☆					固态有机肥生产	☆
				生产沼气	×					生产沼气	×
				生产垫料	×					生产垫料	×
				生产基质	×					生产基质	×
				其他	×					其他	×
			水冲粪	堆肥发酵	☆				水冲粪	堆肥发酵	☆
				固态有机肥生产	☆					固态有机肥生产	☆
				生产沼气	×					生产沼气	×
				生产垫料	×					生产垫料	×
				生产基质	×					生产基质	×
				其他	×					其他	×
			水泡粪	堆肥发酵	☆				水泡粪	堆肥发酵	☆
				固态有机肥生产	☆					固态有机肥生产	☆

排放节点	养殖种类	系数单位	系数结构		筛选	排污环节	养殖种类	系数单位	系数结构		筛选
固态粪污处理设施	肉牛	kg/头		生产沼气	×	固态粪污处理设施	蛋鸡	kg/（羽·年）		生产沼气	×
				生产垫料	×					生产垫料	×
				生产基质	×					生产基质	×
				其他	×					其他	×
	肉鸡	kg/羽	人工干清粪	堆肥发酵	★		肉鸡	kg/羽	高床养殖	堆肥发酵	☆
				固态有机肥生产	☆					固态有机肥生产	☆
				生产沼气	×					生产沼气	×
				生产垫料	×					生产垫料	×
				生产基质	×					生产基质	×
				其他	×					其他	×
			机械干清粪	堆肥发酵	☆				水冲粪	堆肥发酵	☆
				固态有机肥生产	☆					固态有机肥生产	☆
				生产沼气	×					生产沼气	×
				生产垫料	×					生产垫料	×
				生产基质	×					生产基质	×
				其他	×					其他	×
			垫草垫料	堆肥发酵	☆				水泡粪	堆肥发酵	☆
				固态有机肥生产	☆					固态有机肥生产	☆
				生产沼气	×					生产沼气	×
				生产垫料	×					生产垫料	×
				生产基质	×					生产基质	×
				其他	×					其他	×

注：★表示设计监测点；☆表示类比点；×表示极小舍弃点（点位筛选标准见 2.3）。

表 2.4 养殖户氨排放普查系数结构

养殖种类	系数单位	系数结构
生猪	kg/头	开放式圈舍+粪污储存池
奶牛	kg/（头·年）	开放式圈舍+粪污储存池
肉牛	kg/头	开放式圈舍+粪污储存池
蛋鸡	kg/（羽·年）	开放式圈舍+粪污储存池
肉鸡	kg/羽	开放式圈舍+粪污储存池

2.2.2　监测系数结构

在文献分析、实地调研的基础上，针对 5 类畜种，基于无养殖模式舍弃、极小众养殖模式归并原则及养殖模式氨排放量极小舍弃（表 2.2～表 2.3 筛选列为×的，如液态粪污膜处理模式）、排放特征相似归并原则（表 2.1～表 2.3 筛选列为☆的，如奶牛封闭圈舍干清粪模式），结合率定监测经费体量，梳理 336 种全模式系数（梳理结果见表 2.1～表 2.3），得到 35 种规模化主导养殖模式（生猪 17 种，蛋鸡、肉鸡各 4 种，肉牛、奶牛各 5 种），养殖户 5 种。针对上述模式设计系数监测。规模化养殖场监测系数结构见表 2.5，养殖户监测系数结构见表 2.6。

表 2.5　规模化养殖场监测系数结构

排污环节	养殖种类	系数单位	系数结构	
圈舍	生猪	kg/头	封闭式	干清粪
				水冲粪
				水泡粪
			开放式	干清粪
				水冲粪
				水泡粪
				垫草垫料
	奶牛	kg/（头·年）	开放式	干清粪
	肉牛	kg/头	开放式	干清粪
	蛋鸡	kg/（羽·年）	封闭式	干清粪
	肉鸡	kg/羽	封闭式	干清粪
液态粪污处理设施	生猪	kg/头	干清粪	肥水储存
				厌氧发酵
				好氧处理
			水冲粪	肥水储存
				厌氧发酵
				好氧处理
			水泡粪	肥水储存
				厌氧发酵
				好氧处理
	奶牛	kg/（头·年）	干清粪	肥水储存
				厌氧发酵
				好氧处理

排污环节	养殖种类	系数单位	系数结构	
液态粪污处理设施	肉牛	kg/头	干清粪	肥水储存
				厌氧发酵
				好氧处理
	蛋鸡	kg/（羽·年）	干清粪	肥水储存
				厌氧发酵
	肉鸡	kg/羽	干清粪	肥水储存
				厌氧发酵
固态粪污处理设施	生猪	kg/头	干清粪	堆肥发酵
	奶牛	kg/（头·年）	干清粪	堆肥发酵
	肉牛	kg/头	干清粪	堆肥发酵
	蛋鸡	kg/（羽·年）	干清粪	堆肥发酵
	肉鸡	kg/羽	干清粪	堆肥发酵

表 2.6 养殖户监测系数结构

养殖种类	系数单位	系数结构
生猪	kg/头	开放式圈舍+粪污储存池
奶牛	kg/（头·年）	开放式圈舍+粪污储存池
肉牛	kg/头	开放式圈舍+粪污储存池
蛋鸡	kg/（羽·年）	开放式圈舍+粪污储存池
肉鸡	kg/羽	开放式圈舍+粪污储存池

2.3 监测布点设计

2.3.1 氨排放影响因素

2.3.1.1 饲料

饲料中 50%～70%的氮以粪氮和尿氮的方式排出，其中所含尿素可水解成为碳铵，并以氨的形式挥发至大气中[6]。畜禽粪便中的含氮物质主要是动物饲料中蛋白质在消化道内通过各种酶的作用分解的氨基酸。由此可见，饲料蛋白质供给量对氨的排放影响显著。研究发现，将养猪日粮中粗蛋白水平每降低1%，氮的排泄量平均可减少 8%，氨的排放量可减少 10%[7]；在猪的不同生长阶段，分别降低日粮中粗蛋白质含量和增加基础氨基酸含量，可以减少氨排放

15%～20%[8]。

饲料中粗纤维比例对粪便中氨排放也存在影响。研究发现，在饲料中添加适量的粗纤维可以有效减少粪污中的氨排放量[9,10]。在日粮中粗纤维比例由12.1%增加到18.5%，猪场氨排放量可减少40%[11]。但若饲料中添加过高的粗纤维，则会导致猪排泄物增多，粪污的黏性增强，增加氨排放量[12]。饲料中谷物的类型也可影响氨排放[13]。育肥猪饲料中添加部分小麦，可以减少约40%的氨排放量[14]。

此外，在饲料中添加酸性添加剂、沸石、益生菌、酶制剂、酸制剂、丝兰提取物等，可降低畜禽氨排放。在饲料中添加一定的硫酸钙、苯甲酸和脂肪酸可以有效降低动物尿中pH，可分别减少5%、20%、25%的氨排放量[15]。在饲料中加入1%～2%的低比例天然沸石，最多可减少33%的氨排放量[16]。在猪饲料中添加0.05%～0.2%的含有枯草杆菌、芽孢杆菌的益生菌添加剂可使氨排放量减少50%[17]。

2.3.1.2 圈舍环境

畜禽圈舍是畜禽氨排放的重要节点，圈舍氨排放量占畜禽全周期排放总量的30%～55%[18]。畜禽圈舍结构影响圈舍内的温度、湿度等环境因子，进而影响圈舍的氨排放。氨排放量与周围的温度呈正相关，温度可以直接影响氨排放，较高温度能提高尿酶活性，促进粪便中含氮物质分解释放氨。此外，温度也会间接影响牲畜排泄行为，进而影响氨排放[19]。研究发现，在恒定的通风条件下，封闭猪舍内的温度从10℃升到20℃，氨排放量增加了2倍[20]；当温度从17℃上升到28℃时，每天每头猪氨排放量从12.8 g增加到14.6 g[21]。由于氨水溶解度很高，故湿度与氨的排放量成反比，但与温度和通风相比，湿度对氨排放影响并不显著[19]。

增加通风频率可提高圈舍的氨排放量，降低圈舍内氨的浓度[22,23]。在封闭式育肥猪舍中，当通风频率提高3倍，由于温度下降，氨排放量只增加25%，舍内氨浓度降低了3倍[21]。而在非封闭式育肥猪舍，通风频率提高5倍，由于温度几乎没有下降，氨排放也相应增加了5倍[24]。圈舍进风口和出风口的位置对排放影响不大[25]。对于大规模的封闭式管理的养殖场，如猪场、鸡场等，对废气进行收集，若采用酸式洗涤器或生物滴滤器可减少5%～30%的氨排放量[26]。

2.3.1.3 粪便清理模式

存积在圈舍内的粪、尿是舍内氨释放的最主要来源，及时清理可显著降低舍内氨浓度。根据圈舍地板模式，清粪方式一般设计为干清粪、机械清粪、水冲清粪等。研究发现，水冲粪模式下冲洗的频率、时间及水压影响氨排放量[8]。漏缝地板结合水冲清粪的斜坡禽舍，每天多次冲水，可以减少30%的氨排放量[27]。在实心地面圈舍不断地用水冲洗粪沟，可以减少70%的氨排放量[28]。在育肥猪舍内，漏缝地板结合水冲清粪的斜坡猪舍如采用“V”形排污沟设计可减少50%的氨排放量，如使其坡度从1%增加到3%，氨释放量可减少17%[8]。机械刮板清粪方式对猪场氨的排放量并没有显著的影响[29]。刮板清除粪尿时地板表面残留部分粪尿，反而增加了释放氨的地板面积[8]。在深坑育肥猪舍，与整个育肥阶段粪污清理一次相比，若每两周清粪污一次可有效减少20%的氨排放量，每周清理可减少35%的氨排放量，每2～3天清粪污一次可减少46%的氨排放量。但是，冲洗后的污水若不及时处理，溶解于水中的氨还会进行二次释放[23]（图2.2）。

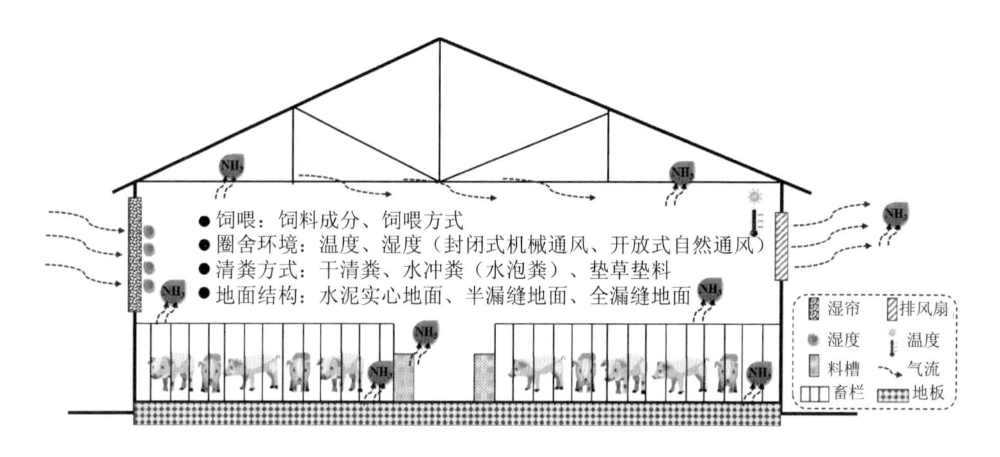

图2.2 圈舍氨排放影响因素

2.3.1.4 粪污治理模式

畜禽粪污治理模式大致有两种：一是资源化利用；二是经治理设施处理后达标排放。目前主要关注的是资源化利用过程中的氨排放过程。

资源化利用又分为处理后再利用（如堆肥、沼液还田）和直接还田。堆肥过程中的温度升高是促进氨排放的主要因素，堆肥前期阶段中的温度升高会导致氨排放占总排放量的60%。另外，堆肥翻混操作会加大氨排放，在翻混的瞬间氨最高浓度可达到 38 mg/m^3。覆盖处理可以在一定程度上减少氨排放。厌氧发酵后遗留的沼液是氨排放的一个重要来源。研究发现，相同条件下，鸡粪沼液的氨挥发量最高，猪粪沼液次之，牛粪沼液最低。沼液的氨排放分别与空气温度和沼液氨氮浓度成正比，与空气湿度成反比。

畜禽粪便直接还田氨排放主要受畜禽粪便理化性质的影响。含水率低、总氮尤其是铵氮含量高的粪便还田，氨排放量高。研究发现，相较于肉鸡粪和牛粪，蛋鸡粪干重高，对应有机质和总氮尤其是铵氮含量也高，将其施用于农田，氨排放显著高于前者。较干的粪便在土壤中的下渗率低，特别是在低渗透率的土壤上施用干重高粪肥，氨排放量占氮流失的比例最大。畜禽粪便的 pH 对氨排放影响显著。在 10～30℃条件下，当粪肥 pH 为 7 时，只有不到 1%的铵氮以氨形式释放到空气中；当 pH 为 10 时，超过 50%的铵氮经氨挥发散失（图 2.3）。

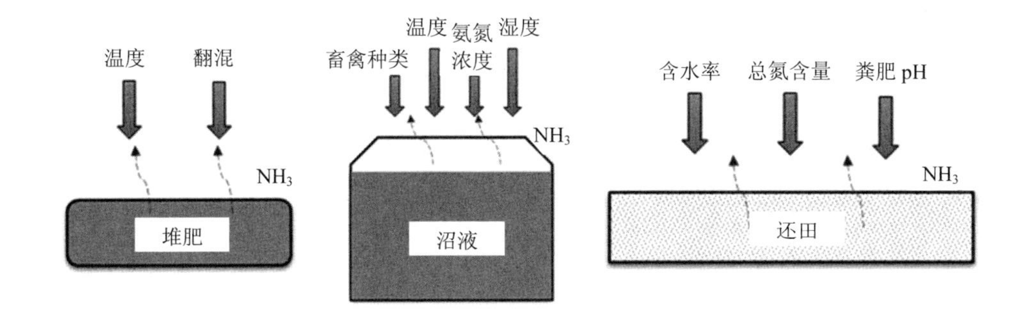

图 2.3　粪污氨排放影响因素

2.3.1.5　生长阶段与育雏关系

畜禽因在各生长阶段进食量、日常活动、粪尿排泄量等生理过程不同，导致氨排放量存在明显差异（表 2.7）。单位繁育畜禽与单位育雏畜禽，例如母猪与育肥猪、产奶牛与育雏奶牛在饲喂方式、体重、日常活动、粪尿排泄量方面也存在差异，进而影响氨排放量。因此，准确评估各生长阶段畜禽、繁育畜禽与育雏畜禽对氨排放的贡献程度，对提出科学可靠的氨排放系数具有实际意义（图 2.4）。

表 2.7 生长阶段

畜种	生长阶段							
生猪	阶段	养殖日龄/天	阶段	养殖日龄/天	阶段	养殖日龄/天	阶段	养殖日龄/天
	保育	29～48	育肥-1	49～91	育肥-2	92～152	育肥-3	153～180
肉鸡	阶段	养殖日龄/天	阶段	养殖日龄/天	阶段	养殖日龄/天	阶段	养殖日龄/天
	育雏	1～12	育成-1	13～24	育成-2	25～36	育成-3	37～48
肉牛	阶段	养殖日龄/天	阶段	养殖日龄/天	阶段	养殖日龄/天	阶段	养殖日龄/天
	生长-1	0～90	生长-2	91～180	育肥-1	181～260	育肥-2	261～660

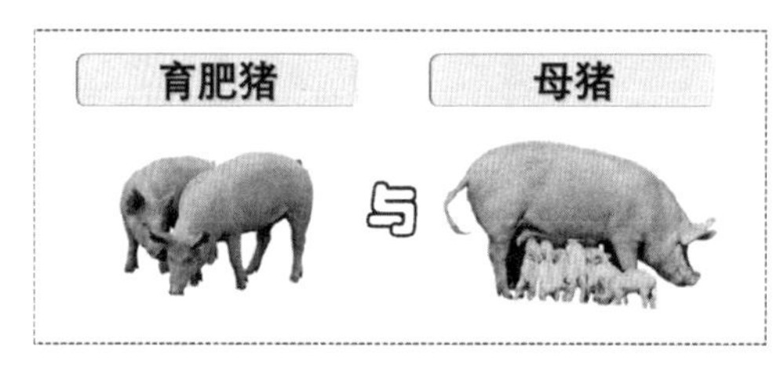

图 2.4 育雏关系

2.3.1.6 小结

对畜禽养殖氨排放影响因素进行梳理归纳，结果见表 2.8。由表 2.8 可知，畜禽养殖的氨排放主导因素可以分为四类：一是养殖规模因素，即规模化养殖与养殖户养殖；二是养殖模式因素，主要包括圈舍结构、圈舍清粪方式、粪污处理方式；三是环境因素，即环境温度与湿度，通风因素则被纳入圈舍结构统一考虑；四是畜禽养殖类型因素，包括畜禽类型、畜禽生长阶段及畜禽育雏类型关系。

表 2.8　畜禽养殖氨排放影响因子分析

排放节点	影响因子		
	分类	因子	是否主导因子
圈舍	养殖规模	规模化养殖	★
		养殖户养殖	★
	畜禽情况	畜禽种类	★
		生长阶段	★
		存栏数量	★
		生理节律	—
		育雏关系	★
	圈舍结构	封闭	★
		开放	★
	清粪方式	垫草垫料	★
		干清粪	★
		水冲粪	★
		水泡粪	★
	环境因素	温度	★
		湿度	★
	管理模式	通风频率（量）	—
		清扫频率	—
		饲料类型	—
		饲喂模式	—
粪污处理设施	处理方式	堆肥	★
		生产沼气	★
		储存农业利用	★
	环境因素	温度	★
		湿度	★

注：“★”表示主导因子；“—”表示非主导因子。

2.3.2　系数监测布点设计

考虑养殖规模因素，分别针对规模化养殖场与养殖户养殖进行布点监测。规模化养殖场氨排放系数包括圈舍系数、液态粪污处理设施系数和固态粪污处理设施系数，分段开展监测，形成独立分段系数；养殖户氨排放系数为综合系数（圈舍+粪污处理设施），分段开展监测，形成综合系数。

考虑环境因素，设置系数常规监测点开展各养殖模式各排放节点氨排放特征监测。首先获取不同养殖模式在不同温度、湿度条件下氨气排放温湿度响应关系模型，模型数据来源于不同区域不同季节符合该温度、湿度条件的监测点实地监测的畜禽养殖氨气排放数据；其次是把全国各县（区）实际平均温度、湿度代入对应的氨气排放温湿度响应关系模型中，核算该区域不同养殖模式全年氨排放量，进而获取氨排放系数；通过更新区域温度、湿度实现了系数高时空分辨率更新。

考虑畜禽养殖类型因素，设置畜禽率定因素监测点，获取部分畜禽种类（生猪、肉鸡、肉牛）不同饲养阶段，即生长阶段氨排放线性关系并获取生长阶段系数率定参数（k_1）、畜禽育肥与繁育阶段氨排放关系并获取育雏关系率定参数（k_2）；考虑特殊自然条件因素，针对液态粪污处理设施，设定特殊自然条件率定参数（k_3）；以氨排放温湿度响应关系初始模型所处的温湿度段为判断标准（温度是否小于 0℃），用于率定在冬季低温条件下户外液态池结冰、部分结冰时氨零排、低排对氨排放系数的影响。基于氨排放与畜禽生长阶段响应关系，获得氨排放与温湿度初始响应关系模型，进而通过消除育雏饲养阶段与特殊自然条件因素等影响，修正畜禽氨排放温湿度响应关系初始模型，获取各类畜禽不同模式各个温湿度段氨排放响应关系标准模型，用于率定全国各区氨排放系数，进而获得单位标准畜禽氨排放系数，实现了系数标准化、归一化。

设置系数验证监测点，校核监测方法和全国各区氨排放系数，保证了系数的准确性（图 2.5）。

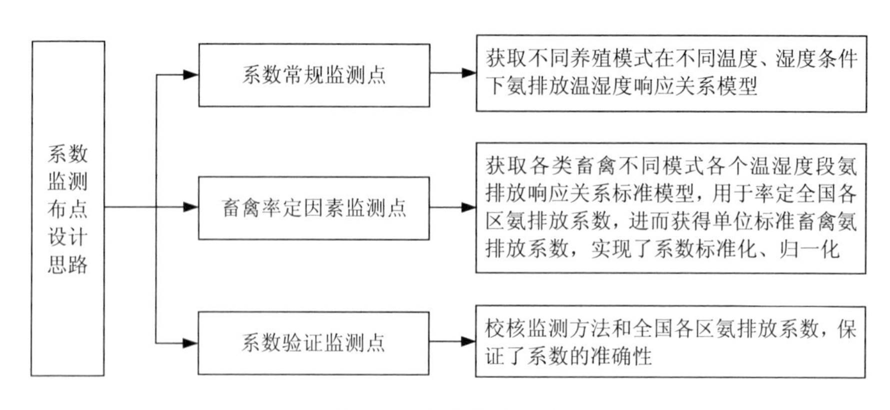

图 2.5　布点设计思路

2.3.3　系数常规监测点

2.3.3.1　全国温湿度分区

2017 年全国温度范围为−26.09～33.45℃，平均为 14.22℃；湿度范围为 13.05%～93.47%，平均为 67.79%，四季温湿度范围具体见表 2.9。因此，按温湿度将全国分为 8 个区段，其中，春季占 8 个区段，夏季占 5 个区段，秋季占 7 个区段，冬季占 7 个区段，具体见表 2.10。

表 2.9　2017 年全国温湿度范围

2017 年	温度/℃			湿度/%		
	最高	最低	平均	最高	最低	平均
春季	26.27	−5.13	14.8	91.3	22.77	62.45
夏季	33.45	5.81	24.88	93.47	21.74	72.63
秋季	26.32	−4.27	14.59	93.1	25.68	71.36
冬季	21.6	−26.09	2.59	91.36	13.05	64.7
全年	33.45	−26.09	14.22	93.47	13.05	67.79

表 2.10　全国温湿度分区

范围序号	温度段	湿度段	春	夏	秋	冬
A	＜0℃	＜50%	√		√	√
B	＜0℃	＞50%	√		√	√
C	0～10℃	＜50%	√		√	√
D	0～10℃	＞50%	√	√	√	√
E	10～20℃	＜50%	√	√	√	√
F	10～20℃	＞50%	√	√	√	√
G	＞20℃	＜50%	√	√		
H	＞20℃	＞50%	√	√	√	√

2.3.3.2　系数常规监测点布设

首先是布点可操作原则，布点以区域为管理单元，规模化畜禽养殖圈舍和粪污处理设施监测布点应尽可能在同一养殖小区，便于组织管理，同时综合考虑区域畜禽养殖种类、数量特征及四季温湿度范围；其次是均匀布点原则，全国各大区各季节 5 类畜种主要养殖模式均匀布点全覆盖。以生猪规模化干清粪圈舍模式为例，假设该养殖模式在全国布设 24 个监测点，全年四季东北、华北、华东、华南、西北、西南各设 1 个监测点；根据全国各大区不同季节温湿度段分布（表 2.11），全年 F 温湿度段为 9 个监测点，占比为 37.50%，H 温湿度段为 6 个监测点，占比为 25.00%，D 温湿度段为 4 个监测点，占比为 16.67%，A、B、C、E 和 G 温湿度段均为 1 个监测点，占比均为 4.17%。

表 2.11　全国各大区不同季节温湿度段分布

大区	涵盖温湿度段			
	春	夏	秋	冬
东北	D	F	D	A
华北	E	H	F	C
华东	F	H	F	D
华南	H	H	H	F
西北	F	G	F	B
西南	F	H	F	D

全国县（区）2017 年四季平均温湿度纳入全国四季温湿度各区段的结果表明（表 2.12），全国各大区不同季节主要出现的温湿度段为 F 温湿度段、H 温湿度段和 D 温湿度段，出现频次占比分别为 34.29%、28.36%和 18.89%，其他温湿度段出现频次均较少，最高仅为 5.95%（B 温湿度段）。各温湿度段出现频次与不同温湿度段涵盖的监测点数量占比高度一致，表明监测点在全国各大区均匀布设的前提下同时较好地反映了全国气候分区状况，且由于某养殖模式单一温湿度段内包含了全国各大区监测点，充分反映了各大区的畜禽养殖管理水平差异，拟合出的氨排放温湿度响应关系更符合全国畜禽养殖的平均状况，因此具有很强的代表性。

表 2.12　全国区域层面各县（区）四季温湿度纳入温湿度段结果

季节	区域	A	B	C	D	E	F	G	H
春	东北	—	—	54	172	70	32	—	—
	华北	—	—	94	8	298	244	—	—
	华东	—	—	—	1	3	670	—	29
	华南	—	—	—	—	—	285	—	306
	西北	8	6	98	119	131	225	1	—
	西南	—	—	5	17	8	393	11	29
夏	东北	—	—	—	—	—	41	—	287
	华北	—	—	—	—	—	41	29	574
	华东	—	—	—	—	—	1	—	702
	华南	—	—	—	—	—	—	—	591
	西北	—	—	—	16	21	155	159	237
	西南	—	—	—	1	—	54	—	408
秋	东北	—	9	—	260	6	53	—	—
	华北	—	11	46	134	—	453	—	—
	华东	—	—	—	—	—	526	—	177
	华南	—	—	—	—	—	225	—	366
	西北	1	3	83	265	43	193	—	—
	西南	—	—	—	22	2	396	—	43
冬	东北	30	298	—	—	—	—	—	—
	华北	177	158	66	243	—	—	—	—
	华东	—	6	—	592	—	105	—	—
	华南	—	—	—	242	—	335	—	14
	西北	171	294	20	103	—		—	—
	西南	8	5	14	311	3	122	—	—
合计		395	790	480	2 506	585	4 549	200	3 763
各县（区）四季温湿度段占比/%		2.98	5.95	3.62	18.89	4.41	34.29	1.51	28.36
监测点数量占比/%		4.17	4.17	4.17	16.67	4.17	37.50	4.17	25.00

2.3.4 系数率定因素监测点

2.3.4.1 生长阶段率定监测点

生长阶段系数率定因素监测点获取部分畜禽种类（生猪、肉牛、肉鸡）不同生长阶段氨排放线性关系、畜禽育肥与繁育阶段氨排放关系，以避免畜禽生长阶段等影响系数精度，全国共布设生猪、肉牛、肉鸡 3 类监测点，在同时段、同区域，针对上述畜种从保育、育肥至出栏不同生长阶段开展同步监测。其中，生猪生长周期 152 天，共分 4 段（仔猪与妊娠母猪同栏，故将出生至第 28 天的仔猪纳入妊娠母猪氨排放进行核算）；肉牛 660 天，共分 4 段；肉鸡 48 天，共分 4 段（表 2.13）。通过布点监测获取畜禽不同生长阶段氨排放关系，为该类型畜禽系数常规监测点率定标准体重畜禽个体氨排放系数提供校正参数（生长阶段系数率定参数 k_1）。生长阶段校核监测点除满足常规监测点选择要求外，在监测周期上应满足以下条件：生猪，从保育、育肥至出栏全过程；肉鸡，涵盖育雏、育成到出栏全过程。

表 2.13 生长阶段率定监测点

畜种	生长周期/天	生长阶段							
		阶段	养殖日龄/天	阶段	养殖日龄/天	阶段	养殖日龄/天	阶段	养殖日龄/天
生猪	152	保育	29～48	育肥-1	49～91	育肥-2	92～152	育肥-3	153～180
肉牛	660	生长-1	0～90	生长-2	91～180	育肥-1	181～260	育肥-2	261～660
肉鸡	48	育雏	1～12	育成-1	13～24	育成-2	25～36	育成-3	37～48

2.3.4.2 育雏关系率定监测点

育雏关系率定因素监测点获取育肥畜禽、繁育畜禽与育雏畜禽氨排放关系，将繁育、育雏阶段畜禽排放因素统一纳入育肥（普查入户调查口径）畜禽排放系数，全国共布设 2 类监测点，在同时段、同区域，针对生猪（育肥猪、母猪）、奶牛（产奶牛、育雏牛）开展同步监测，分析其氨排放关系，为该类型畜禽系数常规监测点率定氨排放系数提供校正参数（育雏关系率定参数 k_2）。

2.3.4.3 特殊自然条件监测点

特殊自然条件监测点获取在特殊自然条件下氨零排、低排（冬季低温原水储池结冰、部分结冰）对部分粪污处理设施氨排放系数的关系（特殊自然条件率定参数 k_3），消除特殊自然条件对部分粪污处理设施氨排放系数的影响。

2.3.5　系数验证监测点

针对 5 类畜种、主要养殖模式、全国主体气候分区设置验证监测点进行系数质量控制。系数验证监测点分为两种类型：一类用于校核系数常规监测点获取的各养殖模式氨排放与温度、湿度之间的响应关系，为修订获得各类畜禽不同模式各个温湿度段的氨排放温湿度响应关系初始模型提供参数；另一类为权威监测方法验证监测点，校核不同监测方法监测结果。

2.4　监测技术方法

2.4.1　氨排放通量监测方法分析

2.4.1.1　圈舍

目前，针对畜禽圈舍氨排放通量监测方法研究相对较少，且主要集中于大型集约化养殖场的封闭式机械通风畜禽圈舍[30,31]。由于封闭式机械通风畜禽圈舍的通风条件可控性较高，可在畜禽圈舍排放口测定氨气浓度及通风量，根据通风量和氨气监测结果核算排放总量，该方法相对成熟[10]。

针对开放式自然通风畜禽圈舍的氨气排放通量测定仍然是个难题，至今缺乏标准的参考方法[32]。目前主要采用的方法有被动通量采样法、直接测定法、示踪气体法等[33]。

被动通量采样法适用于气态污染物释放因素的研究，在开放式自然通风圈舍气态物质排放中运用还存在明显不足[34]。

根据测定仪器的不同，直接测定法可以分为压力差计法和风速仪法。通过压力差计测得动压后计算得到风速来拟合通风率。但是，压力差计法在流场复杂的环境中通风率测定结果偏差大，可信度不高[35,36]，若用于换气速率变化较大的开放式自然通风圈舍气体排放测定会存在误差较大的风险[37]。风速仪法根据测定仪器可进一步分为热式风速仪法和超声波风速仪法。热式风速仪法对局部通风通道测定较为准确，但对于整个禽舍来讲缺少代表性，且价格昂贵，仪器本身构造也不适宜长期实地监测[38]。与热式风速仪相比，超声波风速仪虽价格便宜且适宜长期现场监测[39]，但是也存在测定结果对整个圈舍的代表性不足的问题，需要增加仪器数量并通过长期监测来弥补[40,41]。在面对开放自然通风圈舍时空复杂多变的空气流场，任何直接测定方法在实际实施中都存在较大难度，需要运用相关的流体力学模型加以改进[42]。

示踪气体法以释放到舍内的示踪气体质量守恒为基础，包括浓度衰减法、恒定释放法和恒定浓度法[32]。由于操作相对简单且示踪气体消耗量小，浓度衰减法应用较为广泛。但是，在实际应用时需要确保稳定的通风量，不适用于开放区域过大的空间，故不适宜用于针对开放式自然通风圈舍进行长期的气体排放监测[33]。恒定释放法对设备要求较高，需要消耗较多的示踪气体，需要假定通风速率不变，气体浓度也不变，可用来测量风量变化并不剧烈的场景[43]。恒定浓度法测定方便且适宜风向多变的开放式自然通风圈舍，如选用合适的示踪气体克服仪器和运行成本高的“瓶颈”，此方法具有很好的推广前景[44]。

研究中常用的示踪气体有 N_2O、^{85}Kr、SF_6 和 CO_2[45-47]，其中，CO_2 相对分子质量（44）比较接近空气的平均相对分子质量（29），在空气中的扩散性能好。另外，CO_2 在空气中分布广泛且均匀，能够克服其他示踪气体和待测污染气体浓度在圈舍内很难混合均匀的局限[35,40]。由于具有与空气的输运特性好、检测便捷与安全性高以及成本低的特点，CO_2 作为理想的测试用示踪气体，在开放式自然通风圈舍气体排放研究中被广泛应用[48-50]。CO_2 作为示踪气体会受到圈舍内储存粪便和下垫草被的干扰，在面对生物发酵床圈舍时可能会在一定程度上降低监测精度[33]。针对这一问题，可以通过圈舍中 CO_2 代谢过程研究，来修正测定结果[51]，或者与另外一种气体联合使用，通过互相验证来提高气体排放测定精度[45,52]。此外，还有学者提出了示踪气体比率法[52-54]来解决 CO_2 受干扰的问题，此方法无须辨别通风率和浓度的关系，可以直接测得排放速率[50,55]，提高了监测精度。

不难看出，针对开放式自然通风圈舍气体排放监测方法国外学者已开展了大量有益的探索，就示踪气体释放、采样位置布设、采样时间、测定方法等进行了深入的研究，形成了以 CO_2 为主要示踪气体的相对成熟的监测方法，如图 2.6、图 2.7 所示。

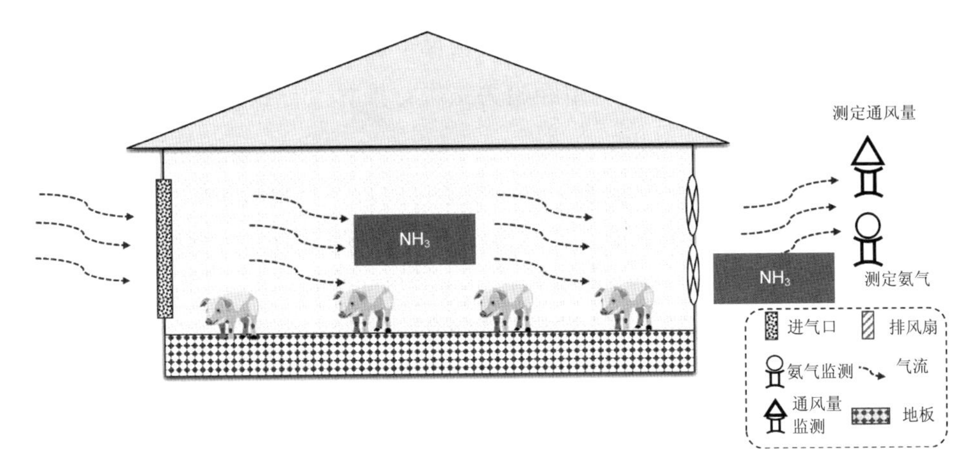

图2.6　封闭式圈舍监测示意

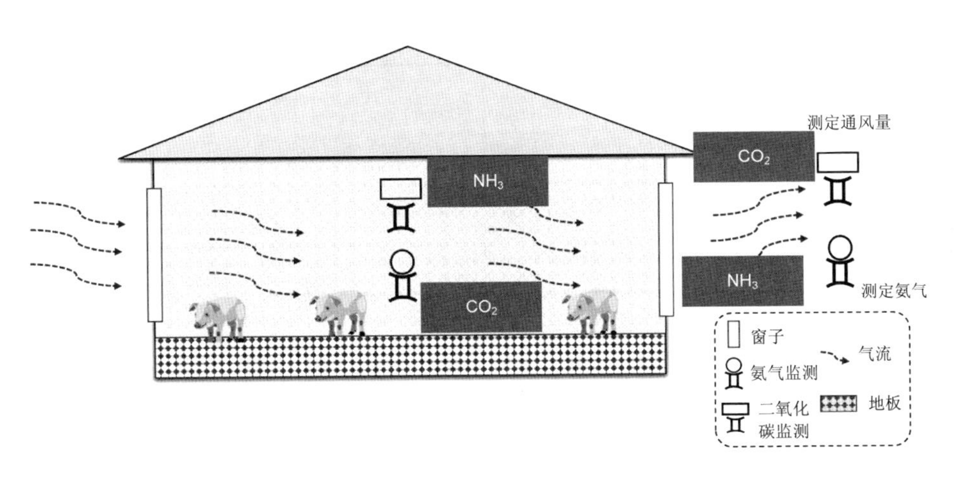

图2.7　开放式圈舍监测示意

2.4.1.2　液态粪污处理设施和固态粪污处理设施

目前测定下垫面挥发气体交换通量的方法主要有微气象学法和箱法。微气象学法是一种开放式的测量方法，可适用于大面积范围的测量，避免了箱法工作原理上的局限性，不会对被测区域造成干扰。但是，微气象学法对风速、下垫面均匀度、大气状态以及传感器的技术条件提出了更高的要求，并且只适用于风速不大、平坦且均匀的下垫面挥发气体通量测定[56]。微气象学法需要配备高灵敏度且价格较高的测量仪器。此外，微气象学方法中只有基于涡度相关法是直接测定通量，但此方法需要另外加配精度高且价格昂贵的涡度测定仪器；其他通量测定方法主要基于相似性假设或利用经验关系进行推算，导致测量结果的真实性受到影响[57]。

根据箱内气体与外界是否发生交换，箱法可分为静态箱法和动态箱法两种。静态箱法的工作原理是被测界面上方的箱内空气与外界没有任何交换，通过箱内测定被检测气体的浓度变化速率来获得该气体的界面交换通量。静态箱法对较小排放通量具有较高的灵敏度，且具有操作简单易行、机动性强、造价低等优点。但是，静态箱法对箱内所测界面的微环境会产生干扰，如箱内的温度、湿度、湍流状态、光照等都会对测定结果产生不同程度的影响，如图 2.8 所示。

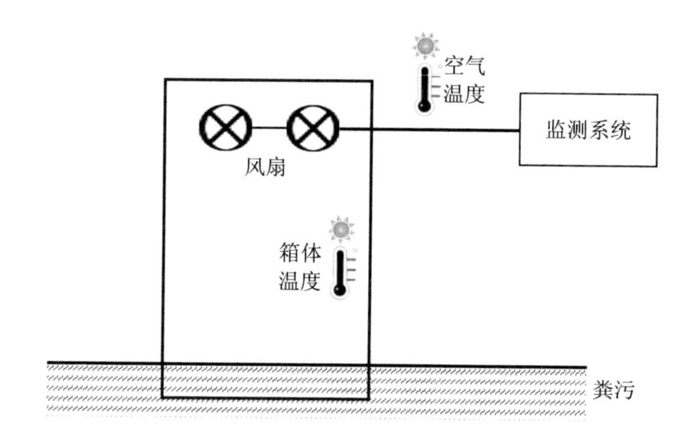

图 2.8　静态箱采样系统结构示意

动态箱法的工作原理是箱体覆盖在液面作为稳定的气体聚集载体，让一定量的空气通过箱体，通过测量箱体入口处和出口处空气中被测气体的浓度进而计算气体的界面交换通量。动态箱法需要人为地以一定流量向箱内供气，单位时间内通入箱体容积的气体实现换气。由于持续地通气，视作不对气体挥发产生影响，污染气体的浓度近似始终维持在一定数值，此稳定值为挥发源气体释放速率。动态箱法和静态箱法一样，具有价格低廉、精度高等优点，并且在一定程度上减少了箱体对被测地表自然环境的干扰，在国内外畜禽粪污污染气体排放研究中得到广泛的应用[58,59]，如图 2.9、图 2.10 所示。

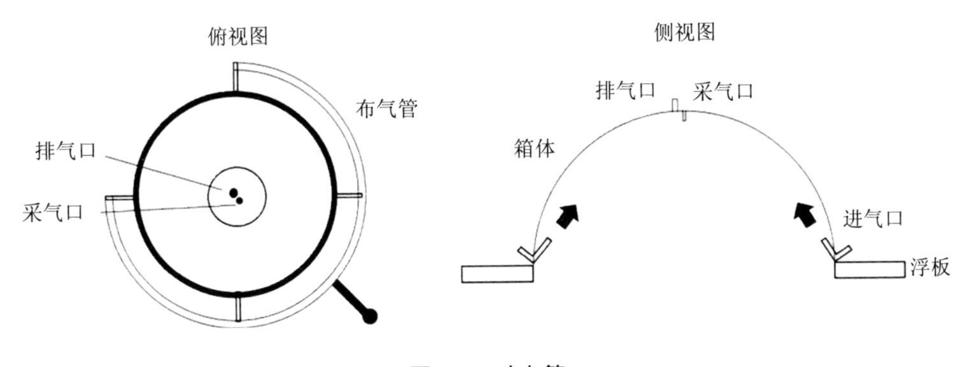

图 2.9　动态箱

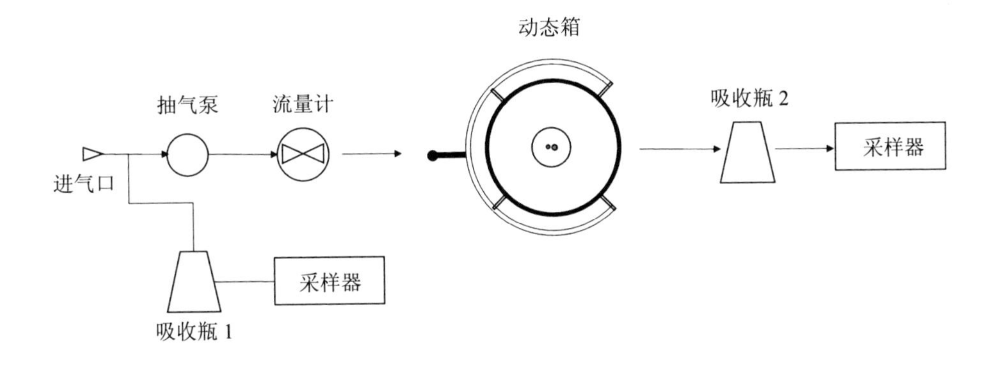

图 2.10　动态箱采样系统结构示意

2.4.1.3　小结

综合上述所列举的圈舍，液态粪污、固态粪污处理设施氨监测技术，从经济性、准确性、可操作性等方面，梳理并比较不同监测方法的优缺点，分析其在“二污普”畜禽养殖氨排放监测过程中的应用可行性，见表 2.14。

选择精度较高且成本较低的监测方法。“二污普”针对封闭式圈舍、开放式圈舍和粪污处理设施氨排放通量监测分别依据被动通量法（风速仪法）、CO_2示踪气体法和动态箱法制定监测技术规定。

表 2.14　不同监测技术汇总比较

<table>
<tr><th>监测点位</th><th colspan="3">监测方法</th><th>优点</th><th>缺点</th><th>经济性</th><th>准确性</th><th>可操作性</th></tr>
<tr><td rowspan="2">封闭圈舍</td><td rowspan="2">被动通量法</td><td colspan="2">压力差计法</td><td>使用方便</td><td>检测精度较低</td><td>√</td><td></td><td>√</td></tr>
<tr><td colspan="2">风速仪法</td><td>检测精度较高、价格便宜且可长期监测</td><td>—</td><td>√</td><td>√</td><td>√</td></tr>
<tr><td rowspan="4">开放圈舍</td><td rowspan="4">示踪气体法</td><td colspan="2">浓度衰减法</td><td>操作相对简单且示踪气体消耗量小</td><td>不适用于开放区域过大的空间</td><td>√</td><td></td><td>√</td></tr>
<tr><td colspan="2">恒定释放法</td><td>精度较高</td><td>对设备要求较高，需要消耗较多的示踪气体，不适用于开放区域过大的空间</td><td></td><td>√</td><td></td></tr>
<tr><td rowspan="2">恒定浓度法</td><td>CO_2示踪气体法</td><td>方便且适宜风向多变的开放式自然通风圈舍、空气的输运特性好、检测便捷安全、成本低</td><td>会受到圈舍内储存粪便和下垫草被的干扰，在面对生物发酵床圈舍时可能会在一定程度上降低监测精度</td><td>√</td><td>√</td><td>√</td></tr>
<tr><td>SF_6、N_2O等其他示踪气体法</td><td>精度较高</td><td>示踪气体成本较高或示踪气体对环境有污染</td><td></td><td></td><td></td></tr>
<tr><td rowspan="3">液态粪污、固态粪污处理设施</td><td colspan="3">微气象学法</td><td>可适用于大面积范围的测量、精度高</td><td>成本高昂</td><td></td><td>√</td><td></td></tr>
<tr><td rowspan="2">箱法</td><td colspan="2">动态箱法</td><td>成本低廉、精度高</td><td>—</td><td>√</td><td>√</td><td>√</td></tr>
<tr><td colspan="2">静态箱法</td><td>成本低廉、精度高、操作简单</td><td>对箱内所测界面的微环境会产生干扰</td><td>√</td><td></td><td>√</td></tr>
</table>

2.4.2　氨排放监测

“二污普”氨排放监测可分为规模化养殖场监测与养殖户养殖监测。其中，规模化养殖场监测按不同的养殖模式可分为封闭式圈舍监测、开放式圈舍监测与液态粪污、固态粪污处理设施监测。养殖户养殖监测则可简化为开放式圈舍与粪污处置设施的组合模式监测。

2.4.2.1　封闭式圈舍

1. 监测对象

选取为氨气排放监测点的圈舍在监测期间应长期处于正常生产状态，在所养殖畜禽两个连续生长期之间的空栏期不应超过 18 天；监测圈舍进风口、排风口 20 m 半径范围内应无畜禽粪污储存和处理设施；监测圈舍排风口对面方向应无其他圈舍排风口，选取为监测圈舍的排风口与并排其他圈舍排风口距离应大于 5 m；监测圈舍进风口 10 m 半径范围内应无其他圈舍排风口；监测圈舍进风口和排风口处控制设备运行正常。

2. 监测技术方法

使用通量法监测氨排放通量。测定圈舍排风口氨浓度，运用便携式气象站同步监测通风量、温度、湿度、气压，并统计圈舍内畜禽养殖量与个体体重，计算单位时间内圈舍氨排放通量。

3. 监测方案

排风口测点：排气窗面积小于 0.5 m^2，流速分布比较均匀，可取断面中心作为采样点。排气窗面积为 0.5～1 m^2，将排气窗面左右分成等面积 2 小块，各小块中心即为采样点位置，即布设 2 个采样点。排气窗面积大于 1 m^2，将排气窗面分成等面积 4 小块（田字格状），各小块中心即为采样点位置，即布设 4 个采样点。采样点与窗口平面的水平距离为 10 cm。

进风口测点：将进风装置外部断面中心点作为采样点，即布设 1 个采样点；采样点与进风口装置平面的水平距离为 10 cm。

环境空气质量背景监测点：在场区内常年盛行风向的上风向的空旷地带（半径 15 m 内无圈舍和粪污处理设施），高为 1.5 m 处设置 1 个采样点。

【监测实例】

对某养殖模式为封闭式/干清粪的蛋鸡养殖场开展氨排放监测工作。

该养殖场在监测期间（18 个月内）处于正常生产状态，在所养殖畜禽两个连续生长期之间的空栏期不超过 18 天，符合监测养殖场选点要求。

待监测圈舍的进风口、排风口 20 m 半径范围内无畜禽粪污储存和处理设施；监测点圈舍排风口对面方向无其他圈舍排风口，排风口与并排其他圈舍排风口距离大于 5 m；进风口 10 m 半径范围内无其他圈舍排风口且监测点圈舍进风口和排风口处控制设备运行正常，满足监测圈舍选点要求。

针对排放口测点，该养殖场圈舍的排气窗面积大于 1 m^2，根据监测方法，将排气窗面分成等面积 4 小块（田字格状），各小块中心即为采样点位置，即布设 4 个采样点。采样点与窗口平面的水平距离为 10 cm。针对进风口测点，根据监测方法，将进风装置外部断面中心点作为采样点，即布设 1 个采样点；采样点与进风口装置平面的水平距离为 10 cm。针对背景监测点，根据监测方法，在厂区内常年盛行风向的上风向的空旷地带（半径 15 m 内无圈舍和粪污处理设施），高为 1.5 m 处设置 1 个采样点。监测布点均符合规范。

2.4.2.2 开放式圈舍

1. 监测对象

选取为氨气排放监测点的圈舍在监测期间（18 个月内）应长期处于正常生产状态，在所养殖畜禽两个连续生长期之间的空栏期不应超过 18 天；选取养殖场最外围圈舍作为圈舍监测点，圈舍外部采样点周边无其他圈舍，20 m 半径范围内应无畜禽粪污储存（不包括圈舍排尿沟）和处理设施。

2. 监测技术方法

通过二氧化碳平衡法估算圈舍通风量，同时采样、测定圈舍内外氨气浓度，运用便携式气象站同步监测温度、湿度、气压、风速，并统计圈舍内畜禽养殖量与个体体重，计算单位时间内圈舍氨排放通量。

3. 监测方案

内部采样点：在圈舍内部两条对角线的四等分点处设立气体产生采样点 4 个，如图 2.11 所示。气体采集高度为动物呼吸位置距地面高度，猪舍气体采集高度为离地面 30 cm，对应猪呼吸位置；牛舍气体采集高度为离地面 80～100 cm，对应牛呼吸位置；鸡舍气体采集高度为高架鸡笼高度中心偏下位置。

外部采样点：在距离圈舍 5 m，高度为 1.5 m 处设立采样点，如图 2.11 所示。

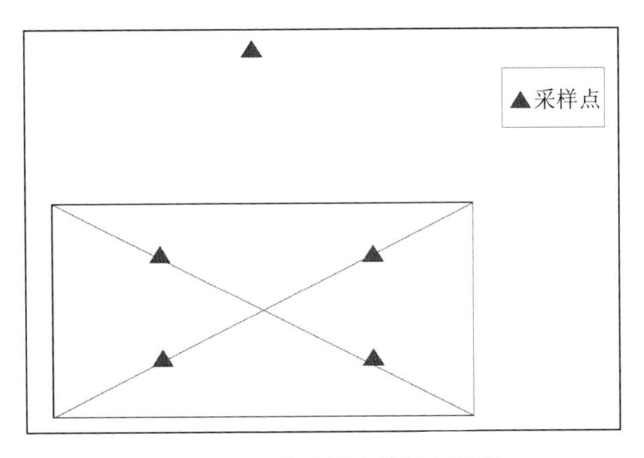

图 2.11　开放式圈舍采样点示意

环境空气质量背景监测点：在厂区内常年盛行风向的上风向的空旷地带（半径 15 m 内无圈舍和粪污处理设施），高为 1.5 m 处设置 1 个采样点。

【监测实例】

对某养殖模式为开放式/干清粪的生猪养殖场开展氨排放监测工作。

该养殖场在监测期间（18 个月内）处于正常生产状态，在所养殖畜禽两个连续生长期之间的空栏期不超过 18 天，符合监测养殖场选点要求。

选取养殖场最外围圈舍作为圈舍监测点，圈舍外部采样点周边无其他圈舍，20 m 半径范围内无畜禽粪污储存（不包括圈舍排尿沟）和处理设施，满足监测圈舍选点要求。

针对内部采样点，在圈舍内部两条对角线的四等分点处设立气体产生采样点 4 个，气体采集高度设为离地面 30 cm，对应猪呼吸位置；针对外部采样点，根据监测方法，在距离圈舍 5 m，高度为 1.5 m 处设立采样点；针对背景监测点，根据监测方法，在厂区内常年盛行风向的上风向的空旷地带（半径 15 m 内无圈舍和粪污处理设施），高为 1.5 m 处设置 1 个采样点。监测布点均符合规范。

2.4.2.3 液态粪污、固态粪污处理设施

1. 监测对象

液态暴露源采样点：规模化养殖场粪污处理设施的暴露面积应满足如下条件：生猪≥0.05 m^2/头，奶牛≥0.7 m^2/头，肉牛≥0.4 m^2/头，蛋鸡≥0.008 m^2/羽，肉鸡≥0.003 m^2/羽。若规模化养殖场的粪污处理设施深度过深（>3 m），氨暴露面积过小，不宜选为监测点。养殖户畜禽养殖粪污处理设施的暴露面积应≥10 m^2。

固态暴露源采样点：在堆场内，选择处于堆肥初始阶段、高温发酵阶段和低温腐熟保肥阶段的堆垛分别设置 1 个采样点。

2. 监测技术方法

液态粪污：采用动态箱法测定，即用抽气泵稳定流速从采样箱抽气，测定采样箱进气口、出气口氨气含量，从而计算氨挥发速率，同步监测温度、湿度、气压以计算单位时间内单位面积粪污处理设施的暴露表面氨的挥发量。

固态粪污：采用动态箱法测定，即用抽气泵稳定流速从采样箱抽气，测定采样箱进气口、出气口氨气含量，从而计算氨挥发速率，同步监测温度、湿度、气压以计算单位时间内单位面积粪污处理设施的暴露表面氨的挥发量。

3. 监测方案

液态粪污：选取满足条件的粪污处理设施进行监测。根据液态暴露源面积设置采样点数量，见表 2.15。

表 2.15 液态暴露源面积与采样点布设

暴露源面积/m^2	测点总数/个
10～100	1
100～1 000	1～2
>1 000	3～4

固态粪污：在堆场内，选择处于堆肥初始阶段、高温发酵阶段和低温腐熟保肥阶段的堆垛分别设置 1 个采样点。

【监测实例】

对某液态粪污处理模式为肥水储存池的奶牛养殖场开展氨排放监测工作。

该规模化奶牛养殖场粪污处理设施的暴露面积≥0.7 m^2/头，符合监测养殖场选点要求。

针对液态暴露源监测点，该场液态粪污暴露源面积为 500 m^2，故布设 2 个监测点，监测点避开处理设施的进水口和出水口，在暴露范围内相对均匀布设。监测布点符合规范。

2.5　监测结果表征

系数常规监测点获取规模化圈舍、液态粪污、固态粪污及养殖户氨排放与温湿度初始响应关系模型；系数率定因素监测点获取畜禽不同生长阶段氨排放关系以及繁育、育雏个体与出栏个体氨排放关系，统一纳入初始响应关系模型进行二次核算，最终形成氨排放与温湿度响应关系标准模型；系数验证监测点获取验证点所在区域养殖场氨排放系数，最终校验利用模型核算的该区域氨排放系数。

2.5.1　系数率定参数示例

2.5.1.1　生长阶段系数率定参数（k_1）

以获取生猪生长阶段系数率定参数为例，根据生猪各阶段实测氨排放通量与对应的各生长阶段养殖周期核算生长阶段氨排放量，以此核算生猪全生长阶段，获得生长阶段系数率定参数（k_1）（表 2.16）。

表 2.16　生猪生长阶段系数率定参数

序号	圈舍	养殖日龄/天	平均体重/kg	养殖周期/天	实测氨排放通量/[g/（头·天）]	生长阶段氨排放/g	率定参数
1	保育	29～48	10	20	a	20a	20a/152e
2	育肥-1	49～91	50	42	b	42b	42b/152e
3	育肥-2	92～152	85	60	c	60c	60c/152e
4	育肥-3	153～180	110	30	d	30d	30d/152e
5	标准育肥猪			152	e	152e	1

分析生长阶段系数率定结果，发现生长阶段系数率定参数与生猪体重呈现显著的线性关系，通过方程的拟合，得到生长阶段系数率定参数关于体重的响应关系模型，如图 2.12 所示。

$$y = mx+n \tag{2.1}$$

式中，y—— 率定参数；

x—— 体重，kg；

m、n—— 常数。

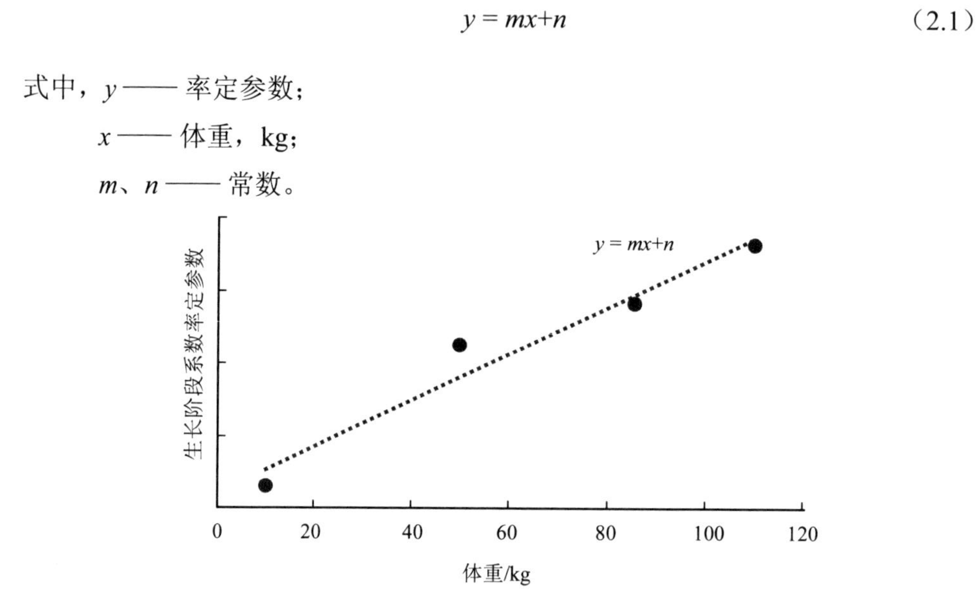

图 2.12 生猪体重与生长阶段系数率定参数响应关系

通过线性关系，若某养殖场生猪体重为 100 kg，则生长阶段系数率定参数为

$$k_1=100\,m+n \tag{2.2}$$

2.5.1.2 育雏关系率定参数（k_2）

以母猪-育肥猪育雏关系为例，根据不同类型母猪与标准育肥猪实测氨排放通量与对应的各阶段养殖周期核算生长阶段氨排放量，以此核算母猪-育肥猪氨排放系数关系，并结合标准规模化猪场中母猪与育肥猪的数量比，计算获得育雏关系率定参数（k_2）。

根据实测结果，核算母猪-育肥猪排放通量率定参数为（$114b+28c$）/$152a$，见表 2.17，通过实地调研发现，母猪与育肥猪的养殖数量比例为 1∶m。参考综合排放通量率定参数与养殖比例，得到母猪-育肥猪育雏关系率定参数 k_2 为常数（$114b+28c$）/$152a/m$×（m+1）。

表 2.17　母猪-育肥猪排放通量率定参数

序号	圈舍	养殖周期/天	实测氨排放通量/[g/（头·天）]	生长阶段氨排放量/g	通量率定参数（k）
1	标准育肥猪	152	a	$152a$	1
2	妊娠母猪	114	b	$114b$	（$114b+28c$）/$152a$
3	分娩母猪	28	c	$28c$	
4	标准母猪	142	（$114b+28c$）/142	$114b+28c$	

2.5.1.3　特殊自然条件率定参数（k_3）

通过实地监测发现，肥水储存池因为直接暴露在室外，在 0℃以下的温度条件下，液面结冰导致无氨或少氨排放。综上所述，肥水储存池在 0℃以下默认为不排放氨气，此时特殊自然条件率定参数 k_3 取 0。

2.5.2　初始响应关系模型

在开展各养殖模式各排放节点氨排放监测的基础上，根据生猪、肉牛、肉鸡体重获取生长阶段系数率定参数（k_1），将各监测点氨排放通量结果进行标准化率定，整合各监测点数据，确保实际温湿度完全覆盖对应的划定范围，以氨排放通量为因变量，对应的温度和湿度为自变量，拟合获得标准体重畜禽不同养殖模式在不同温湿度条件下氨气排放温湿度响应关系初始模型。

2.5.2.1　初始响应关系模型获取示例

以 D 温湿度范围段（温度 0～10℃、湿度＞50%）为例，该温湿度段包含东北春季、秋季，华东冬季及西南冬季 4 个监测点数据（表 2.18），以氨排放通量为因变量，对应的温度和湿度为自变量，根据生长阶段系数率定参数（k_1）将各监测点氨排放通量结果进行标准化率定，拟合获得 D 温湿度段内生猪规模化干清粪圈舍氨排放温湿度响应关系初始模型。结果见表 2.19。

表 2.18　D 温湿度段范围内典型数据结果汇总

大区	养殖场地	季节	温度范围/℃	湿度范围/%	生猪体重/kg
东北	吉林省	春季	0～3	75～100	90
		秋季	0～6	50～75	75
华东	江苏省	冬季	3～8	75～100	85
西南	四川省	冬季	6～10	75～100	110

表 2.19 生猪规模化干清粪圈舍氨排放温湿度响应关系初始模型

温湿度段	响应关系	r	n
D	$y=21.946x_1-1.775x_2+319.414$	0.856	2 506

注：x_1 为温度，℃；x_2 为湿度，%；y 为氨排放通量，mg/（头·小时）；$P<0.001$。

2.5.2.2 初始响应关系模型结果

针对各畜种不同养殖模式，获取氨排放温湿度响应关系初始模型，结果见表 2.20～表 2.24。

表 2.20 规模化圈舍（①）氨排放温湿度响应关系初始模型

温湿度段编号		A	B	C	D	E	F	G	H
响应关系模型编号		①	①	①	①	①	①	①	①
生猪干清粪封闭式	1	A/①/1	B/①/1	C/①/1	D/①/1	E/①/1	F/①/1	G/①/1	H/①/1
生猪干清粪开放式	2	A/①/2	B/①/2	C/①/2	D/①/2	E/①/2	F/①/2	G/①/2	H/①/2
生猪垫草垫料开放式	3	A/①/3	B/①/3	C/①/3	D/①/3	E/①/3	F/①/3	G/①/3	H/①/3
生猪水冲粪封闭式	4	A/①/4	B/①/4	C/①/4	D/①/4	E/①/4	F/①/4	G/①/4	H/①/4
生猪水冲粪开放式	5	A/①/5	B/①/5	C/①/5	D/①/5	E/①/5	F/①/5	G/①/5	H/①/5
生猪水泡粪封闭式	6	A/①/6	B/①/6	C/①/6	D/①/6	E/①/6	F/①/6	G/①/6	H/①/6
生猪水泡粪开放式	7	A/①/7	B/①/7	C/①/7	D/①/7	E/①/7	F/①/7	G/①/7	H/①/7
奶牛干清粪开放式	8	A/①/8	B/①/8	C/①/8	D/①/8	E/①/8	F/①/8	G/①/8	H/①/8
肉牛干清粪开放式	9	A/①/9	B/①/9	C/①/9	D/①/9	E/①/9	F/①/9	G/①/9	H/①/9
蛋鸡干清粪封闭式	10	A/①/10	B/①/10	C/①/10	D/①/10	E/①/10	F/①/10	G/①/10	H/①/10
肉鸡干清粪封闭式	11	A/①/11	B/①/11	C/①/11	D/①/11	E/①/11	F/①/11	G/①/11	H/①/11

注：1. A（$x_1\leqslant0$，$x_2\leqslant50$），B（$x_1\leqslant0$，$x_2>50$），C（$0<x_1\leqslant10$，$x_2\leqslant50$），D（$0<x_1\leqslant10$，$x_2>50$），E（$10<x_1\leqslant20$，$x_2\leqslant50$），F（$10<x_1\leqslant20$，$x_2>50$），G（$x_1>20$，$x_2\leqslant50$），H（$x_1>20$，$x_2>50$）。其中，x_1 为温度（℃），x_2 为湿度（%）。

2. A/①/1 代表在 A 温湿度段下规模化生猪干清粪封闭式圈舍的氨排放温湿度响应关系初始模型：

$$y=ax_1-bx_2+c$$

式中：y 为氨排放通量，mg/（头·小时）；x_1 为温度，℃；x_2 为湿度，%；a、b、c 为常数。

表 2.21 规模化液态粪污（②）氨排放温湿度响应关系初始模型

温湿度段编号		A	B	C	D	E	F	G	H
响应关系模型编号		②	②	②	②	②	②	②	②
生猪干清粪肥水储存	12	A/②/12	B/②/12	C/②/12	D/②/12	E/②/12	F/②/12	G/②/12	H/②/12
生猪干清粪厌氧发酵	13	A/②/13	B/②/13	C/②/13	D/②/13	E/②/13	F/②/13	G/②/13	H/②/13
生猪干清粪好氧处理	14	A/②/14	B/②/14	C/②/14	D/②/14	E/②/14	F/②/14	G/②/14	H/②/14
生猪水冲粪肥水储存	15	A/②/15	B/②/15	C/②/15	D/②/15	E/②/15	F/②/15	G/②/15	H/②/15

温湿度段编号		A	B	C	D	E	F	G	H
响应关系模型编号		②	②	②	②	②	②	②	②
生猪水冲粪厌氧发酵	16	A/②/16	B/②/16	C/②/16	D/②/16	E/②/16	F/②/16	G/②/16	H/②/16
生猪水冲粪好氧处理	17	A/②/17	B/②/17	C/②/17	D/②/17	E/②/17	F/②/17	G/②/17	H/②/17
生猪水泡粪肥水储存	18	A/②/18	B/②/18	C/②/18	D/②/18	E/②/18	F/②/18	G/②/18	H/②/18
生猪水泡粪厌氧发酵	19	A/②/19	B/②/19	C/②/19	D/②/19	E/②/19	F/②/19	G/②/19	H/②/19
生猪水泡粪好氧处理	20	A/②/20	B/②/20	C/②/20	D/②/20	E/②/20	F/②/20	G/②/20	H/②/20
奶牛干清粪肥水储存	21	A/②/21	B/②/21	C/②/21	D/②/21	E/②/21	F/②/21	G/②/21	H/②/21
奶牛干清粪厌氧发酵	22	A/②/22	B/②/22	C/②/22	D/②/22	E/②/22	F/②/22	G/②/22	H/②/22
奶牛干清粪好氧处理	23	A/②/23	B/②/23	C/②/23	D/②/23	E/②/23	F/②/23	G/②/23	H/②/23
肉牛干清粪肥水储存	24	A/②/24	B/②/24	C/②/24	D/②/24	E/②/24	F/②/24	G/②/24	H/②/24
肉牛干清粪厌氧发酵	25	A/②/25	B/②/25	C/②/25	D/②/25	E/②/25	F/②/25	G/②/25	H/②/25
肉牛干清粪好氧处理	26	A/②/26	B/②/26	C/②/26	D/②/26	E/②/26	F/②/26	G/②/26	H/②/26
蛋鸡干清粪肥水储存	27	A/②/27	B/②/27	C/②/27	D/②/27	E/②/27	F/②/27	G/②/27	H/②/27
蛋鸡干清粪厌氧发酵	28	A/②/28	B/②/28	C/②/28	D/②/28	E/②/28	F/②/28	G/②/28	H/②/28
肉鸡干清粪肥水储存	29	A/②/29	B/②/29	C/②/29	D/②/29	E/②/29	F/②/29	G/②/29	H/②/29
肉鸡干清粪厌氧发酵	30	A/②/30	B/②/30	C/②/30	D/②/30	E/②/30	F/②/30	G/②/30	H/②/30

注：1. A（$x_1 \leqslant 0$，$x_2 \leqslant 50$），B（$x_1 \leqslant 0$，$x_2 > 50$），C（$0 < x_1 \leqslant 10$，$x_2 \leqslant 50$），D（$0 < x_1 \leqslant 10$，$x_2 > 50$），E（$10 < x_1 \leqslant 20$，$x_2 \leqslant 50$），F（$10 < x_1 \leqslant 20$，$x_2 > 50$），G（$x_1 > 20$，$x_2 \leqslant 50$），H（$x_1 > 20$，$x_2 > 50$）。其中，x_1 为温度（℃），x_2 为湿度（%）。

2. A/②/12 代表在 A 温湿度段下规模化生猪干清粪肥水储存液态粪污的氨排放温湿度响应关系初始模型：

$$y = ax_1 - bx_2 + c$$

式中：y 为氨排放通量，mg/（头·小时）；x_1 为温度，℃；x_2 为湿度，%；a、b、c 为常数。

表 2.22　规模化固态粪污（③）氨排放温湿度响应关系初始模型

温湿度段编号		A	B	C	D	E	F	G	H
响应关系模型编号		③	③	③	③	③	③	③	③
生猪干清粪堆肥发酵	31	A/③/31	B/③/31	C/③/31	D/③/31	E/③/31	F/③/31	G/③/31	H/③/31
奶牛干清粪堆肥发酵	32	A/③/32	B/③/32	C/③/32	D/③/32	E/③/32	F/③/32	G/③/32	H/③/32
肉牛干清粪堆肥发酵	33	A/③/33	B/③/33	C/③/33	D/③/33	E/③/33	F/③/33	G/③/33	H/③/33
蛋鸡干清粪堆肥发酵	34	A/③/34	B/③/34	C/③/34	D/③/34	E/③/34	F/③/34	G/③/34	H/③/34
肉鸡干清粪堆肥发酵	35	A/③/35	B/③/35	C/③/35	D/③/35	E/③/35	F/③/35	G/③/35	H/③/35

注：1. A（$x_1 \leqslant 0$，$x_2 \leqslant 50$），B（$x_1 \leqslant 0$，$x_2 > 50$），C（$0 < x_1 \leqslant 10$，$x_2 \leqslant 50$），D（$0 < x_1 \leqslant 10$，$x_2 > 50$），E（$10 < x_1 \leqslant 20$，$x_2 \leqslant 50$），F（$10 < x_1 \leqslant 20$，$x_2 > 50$），G（$x_1 > 20$，$x_2 \leqslant 50$），H（$x_1 > 20$，$x_2 > 50$）。其中，x_1 为温度（℃），x_2 为湿度（%）。

2. A/③/31 代表在 A 温湿度段下生猪人工干清粪堆肥发酵固态粪污的氨排放温湿度响应关系初始模型：

$$y = ax_1 - bx_2 + c$$

式中：y 为氨排放通量，mg/（头·小时）；x_1 为温度，℃；x_2 为湿度，%；a、b、c 为常数。

表 2.23　养殖户圈舍（④）氨排放温湿度响应关系初始模型

温湿度段编号		A	B	C	D	E	F	G	H
响应关系模型编号		④	④	④	④	④	④	④	④
生猪干清粪开放式	36	A/④/36	B/④/36	C/④/36	D/④/36	E/④/36	F/④/36	G/④/36	H/④/36
奶牛干清粪开放式	37	A/④/37	B/④/37	C/④/37	D/④/37	E/④/37	F/④/37	G/④/37	H/④/37
肉牛干清粪开放式	38	A/④/38	B/④/38	C/④/38	D/④/38	E/④/38	F/④/38	G/④/38	H/④/38
蛋鸡干清粪开放式	39	A/④/39	B/④/39	C/④/39	D/④/39	E/④/39	F/④/39	G/④/39	H/④/39
肉鸡干清粪开放式	40	A/④/40	B/④/40	C/④/40	D/④/40	E/④/40	F/④/40	G/④/40	H/④/40

注：1. A（$x_1 \leqslant 0$，$x_2 \leqslant 50$），B（$x_1 \leqslant 0$，$x_2 > 50$），C（$0 < x_1 \leqslant 10$，$x_2 \leqslant 50$），D（$0 < x_1 \leqslant 10$，$x_2 > 50$），E（$10 < x_1 \leqslant 20$，$x_2 \leqslant 50$），F（$10 < x_1 \leqslant 20$，$x_2 > 50$），G（$x_1 > 20$，$x_2 \leqslant 50$），H（$x_1 > 20$，$x_2 > 50$）。其中，x_1 为温度（℃），x_2 为湿度（%）。

2. A/④/36 代表在 A 温湿度段下养殖户生猪干清粪开放式圈舍的氨排放温湿度响应关系初始模型：

$$y = ax_1 - bx_2 + c$$

式中：y 为氨排放通量，mg/（头·小时）；x_1 为温度，℃；x_2 为湿度，%；a、b、c 为常数。

表 2.24　养殖户粪污（⑤）氨排放温湿度响应关系初始模型

温湿度段编号		A	B	C	D	E	F	G	H
响应关系模型编号		⑤	⑤	⑤	⑤	⑤	⑤	⑤	⑤
生猪干清粪肥水储存	41	A/⑤/41	B/⑤/41	C/⑤/41	D/⑤/41	E/⑤/41	F/⑤/41	G/⑤/41	H/⑤/41
奶牛干清粪肥水储存	42	A/⑤/42	B/⑤/42	C/⑤/42	D/⑤/42	E/⑤/42	F/⑤/42	G/⑤/42	H/⑤/42
肉牛干清粪肥水储存	43	A/⑤/43	B/⑤/43	C/⑤/43	D/⑤/43	E/⑤/43	F/⑤/43	G/⑤/43	H/⑤/43
蛋鸡干清粪肥水储存	44	A/⑤/44	B/⑤/44	C/⑤/44	D/⑤/44	E/⑤/44	F/⑤/44	G/⑤/44	H/⑤/44
肉鸡干清粪肥水储存	45	A/⑤/45	B/⑤/45	C/⑤/45	D/⑤/45	E/⑤/45	F/⑤/45	G/⑤/45	H/⑤/45

注：1. A（$x_1 \leqslant 0$，$x_2 \leqslant 50$），B（$x_1 \leqslant 0$，$x_2 > 50$），C（$0 < x_1 \leqslant 10$，$x_2 \leqslant 50$），D（$0 < x_1 \leqslant 10$，$x_2 > 50$），E（$10 < x_1 \leqslant 20$，$x_2 \leqslant 50$），F（$10 < x_1 \leqslant 20$，$x_2 > 50$），G（$x_1 > 20$，$x_2 \leqslant 50$），H（$x_1 > 20$，$x_2 > 50$）。其中，x_1 为温度（℃），x_2 为湿度（%）。

2. A/⑤/41 代表在 A 温湿度段下养殖户生猪干清粪肥水储存液态粪污的氨排放温湿度响应关系初始模型：

$$y = ax_1 - bx_2 + c$$

式中：y 为氨排放通量，mg/（头·小时）；x_1 为温度，℃；x_2 为湿度，%；a、b、c 为常数。

第 3 章

畜禽养殖氨排放系数率定

本章在全面梳理国内外畜禽养殖氨排放系数研究进展的基础上，基于统一监测方法，提出了气候分区主导的畜禽养殖氨排放系数率定方法。考虑到畜禽养殖氨排放主要受温度、湿度影响的特征，基于全国气候分区及各区域主导养殖模式分析，首先，结合生长阶段系数率定参数（k_1）获取不同养殖模式在不同温湿度条件下氨气排放温湿度初始响应关系模型；其次，基于育雏关系率定参数（k_2）与特殊自然条件率定参数（k_3）对初始响应关系模型进行二次核算获得标准响应关系模型；最后，把全国各县（区）实际平均温度、湿度代入对应的氨气排放温湿度标准响应关系模型，核算该区域不同养殖模式全年氨气排放量，进而获取氨气排放系数。应用发现，本方法既体现了全国各大区内部不同区域的排放差异，又消除了不同大区相邻县（区）系数差距较大的问题，同时也简化了报表设计和系数手册使用过程，有效提升了氨排放核算精度。

3.1 国内外畜禽氨排放系数研究进展

氨排放系数的准确性直接关系到氨排放量估算结果的准确度。目前，国内对氨排放模型清单研究中的氨排放系数多直接使用国外数据，每种畜禽种类直接对应每只动物整个生长阶段每年的氨排放系数，这类研究文献忽略了畜禽养殖方式、粪便存储和处理方式、环境气候等对畜禽氨排放系数产生影响的因素。欧盟和美国等对氨排放系数的研究采用氮物质流模型，得到了畜禽各阶段的氨排放系数，被国内某些研究直接引用时也会因地域差异不能准确反映我国实际氨排放情况。

当然，我国也有部分氨排放研究运用实测法得到了本地化的畜禽氨排放系数。

3.1.1 模型清单系数

畜禽养殖业的第一个排放清单是用每头（羽）动物的排放系数乘以动物数量计算得到的，因为这种排放清单没有考虑因饲料不同、氮排泄不同、各个国家和地区的粪肥管理也不同而造成的氨排放潜力的巨大差异，所以这类研究文献所给出的氨排放系数为每头（羽）动物整个生长阶段每年的氨排放系数。近期的排放清单研究中用粪肥管理不同阶段的排放因子代替了每头（羽）动物的排放系数。作为排放系数研究的基础，各国研究人员均根据本国养殖业实际情况，对养殖畜禽进行了分类。基本的分类方法是按照动物的种类（如奶牛、肉牛、水牛、猪、鸡、火鸡、马、山羊、绵羊等）进行划分[60,61]，每种动物对应一个排放系数；较详细的分类方法是根据动物的性别、年龄、体重、饲育用途等确定不同的排放系数（如奶牛、犊牛、育成牛、母猪、育肥猪、蛋鸡、肉鸡、小母鸡等）[62]。根据近期的研究成果，确定畜禽养殖业排放系数时，一项很重要的工作是对粪便的产生、储存、处理情况做出评估。排放系数最直接的物质载体就是粪便，上述对动物种类的划分实质上是确定了粪便的产生量，而畜禽舍内不同地面类型、垫料系统、粪便清运方式、储存方式、粪肥还田方法等的划分则是粪便产生后影响氨排放的主要因素。国外研究中有简单方法（包括圈养、粪肥储存、使用、放牧 4 个阶段）和详细方法（包括增加饲料配比、挤奶场/运动场、厩肥直接播撒、户外敞口罐储存、户外氧化塘储存等）[63]。欧洲国家近期的排放清单研究中，用放牧、动物圈养、粪肥管理和粪肥播撒 4 个阶段的排放系数代替每头（羽）动物的排放系数。

由于缺乏实测数据，模型清单法文献中的氨排放系数并没有体现地域差异，但从物质流角度来看，在时间足够长的情况下，粪便中有挥发潜质的氮最终都将挥发出来，故这类氨排放系数接近最大排放系数。

3.1.2 实测系数

氨气是一种有毒气体，在畜禽舍中，氨气进入呼吸系统后，可引起畜禽咳嗽，上呼吸道黏膜充血，分泌物增加，甚至引起肺部出血和炎症。氨气排出舍外，不仅污染大气环境，由于氨的沉降还可能引起土壤和水体酸化。国外对畜禽舍中的氨气排放进行了多方面的研究，Phillips 等[35,36]、Ji-Qin Ni 等[64]介绍了多种测量氨气浓度、排放量的方法，Jeppsson[24]对舍内带化粪池、自然通风的畜禽舍在不同环境条件下的氨气排放通量变化情况进行了测定。现有的对畜禽舍内氨排放量的测定方法从其数据的获得来看主要有估算和直接测定两种方法。

估算法主要分为气体示踪法和通量核算法。气体示踪法：①外部示踪法。在畜禽舍内的某几个特定位置（一般靠近地面 1 m 以内）按特定的速率释放示踪气体，在畜禽舍的下风向（距离畜禽 50～200 m）安装移动的监测单位，如果条件允许，可根据距离和方位的不同安装 2～3 个。每个移动监测单位装有示踪气体和氨气的监测装置。测量完成后可根据示踪气体在猪舍内的释放速度、监测装置监测到的 SF_6 浓度及氨气浓度，进行猪舍氨气释放量的估算，也可得出每头猪的氨气排放量。②内部示踪法。需先在猪舍内布设示踪气体释放点，释放点尽量多，且均匀分布于整个畜禽舍。释放点的设置可用 1 根管子连接多个分支管道来完成，此管子连接到猪舍外示踪气体释放装置上。用质量流量控制器密切监测示踪气体的释放速度，使示踪气体持续释放在猪舍内。用第 2 根多支管的管子从不同的位置取样，其中 4 个分支分别设置于四面墙中心位置的外侧，另一个分支位于猪舍屋脊中心 1m 以下，作为整体采样点。检测时，前 4 个采样点中氨气浓度最低的作为进气口（迎风）的氨气浓度，另外，根据监测到的猪舍内示踪气体及氨气浓度，便可算出猪的氨气排放量。通量核算法：在猪舍内尽量多地安装采样器，采样器均匀分布于猪舍内的空间。一段时间后检测采样器中气体浓度。应用此法时需估算猪舍通风量，然后利用公式计算猪氨气排放量：

$$Q = V \times \frac{C_2 - C_1}{n} \tag{3.1}$$

式中，Q 为气体排放量（mg）；V 为通风量（CO_2 平衡法、热压通风原理、静压法）（m^3）；C_1、C_2 分别为舍内外氨气浓度（mg/m^3）；n 为猪的数量（头）。朱志平等[65]应用类似的方法做了育肥猪舍氨气浓度测定与排放通量估算的研究。

本次全国畜禽养殖氨排放系数普查选取了全国范围内不同典型规模化畜禽养殖场和养殖户，不同养殖模式运用不同的测定方法，主要包括氨排放通量核算法、CO_2 平衡法等，上述测定方法是国际及国内均认可的测定方法，监测了不同温湿度条件下，各个生长阶段畜禽圈舍与粪污储存阶段氨排放浓度，监测分析方法依据《环境空气 氨的测定 次氯酸钠-水杨酸分光光度法》(HJ 534—2009)，计算出不同情况下畜禽的氨排放系数，探究不同温湿度条件下规模化畜禽养殖场及养殖户圈舍及粪污储存阶段的氨排放特征，辨析氨排放重要影响因素，探讨不同生产阶段、不同温湿度、不同类型畜禽对氨排放的贡献，以及同一畜禽不同品种之间的相互关系，为后期区域畜禽养殖氨排放核算提供技术支持。

3.1.3 小结

目前有关畜禽氨排放系数的率定结果按来源可分为模型清单系数与实测系数。模型清单系数多引用自国外研究，通常为综合系数，时空分辨率较低，往往一个大区使用一个系数，造成两大区交界处系数相差较大，准确性不足；实测系数准确性较高，但实测所使用的监测方法不统一。以圈舍为例，针对通风量的获取方法可分为通量法、外部气体示踪法、内部气体示踪法，针对氨气浓度的监测方法可分为吸收液吸收、在线仪器监测等，且具体使用的分析技术、仪器型号不一，不同实测系数的结果可比性较差。在实际监测过程中，畜禽生长阶段的不同会产生很大的结果差异，养殖场内存在不同育雏阶段畜禽，如育肥猪与母猪、产奶牛与育雏牛等，而实测排放系数一般只针对某一类畜禽。此外，实测方法鲜有对特殊自然条件下（冬季低温肥水储存池结冰、部分结冰）氨排放特点的研究。综上所述，可以得出目前畜禽养殖氨排放系数存在以下问题：①系数的时空分辨率与准确性如何提升？②不同生长阶段的畜禽氨排放系数如何标准化？③养殖场内同时存在繁育畜禽（母猪与育肥猪）、育雏畜禽（育雏牛与产奶牛），系数如何统一？④特殊自然条件下（冬季低温原水储存池结冰、部分结冰）系数如何取舍？

3.2 “二污普”氨排放系数率定方法

在开展常规监测点工作的基础上，添加了系数率定点监测工作，通过温湿度分区匹配氨排放通量解决了系数时空分辨率低、准确性不高的问题，通过率定监测工作获取生长阶段系数率定参数（k_1），以解决不同生长阶段的畜禽氨排放系数如何标准化的问题；获取育雏关系率定参数（k_2），以解决育雏关系如何统一的问题；获取特殊自然条件率定参数（k_3），以解决特殊自然条件下（冬季低温肥水储存池结冰、部分结冰）系数如何取舍的问题，使用上述 3 类参数纳入初始模型进行二次核算以获取标准化模型，最终将全国各区县温湿度数据代入标准模型，获取以区县为单位的高时空分辨率、高精度的标准化畜禽氨排放系数。

氨排放响应关系标准模型率定技术路线如图 3.1 所示。

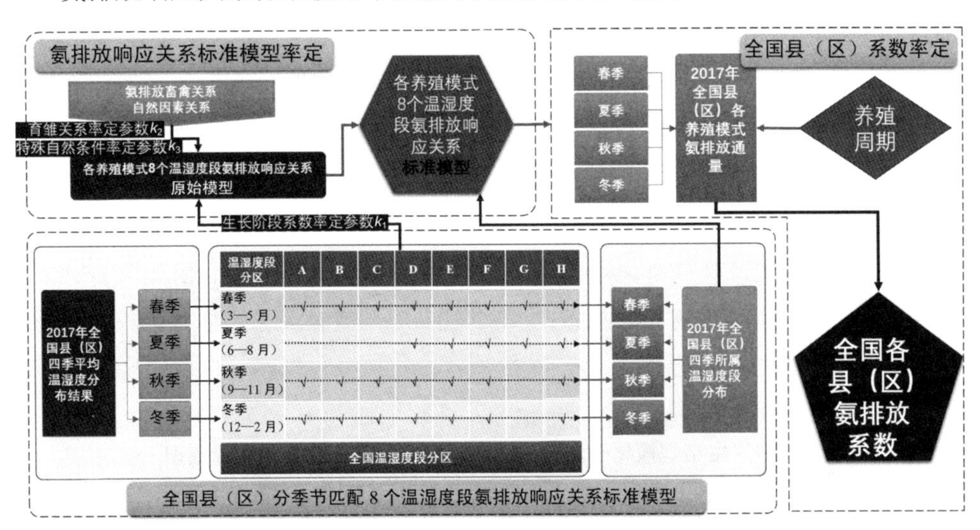

图 3.1　氨排放响应关系标准模型率定技术路线

3.2.1　氨排放响应关系标准模型率定

3.2.1.1　初始模型

通过各系数常规监测点获取监测数据，根据生长阶段率定参数 k_1（详见第 2 章 2.3.4.1）对各监测点氨排放通量结果按体重进行标准化率定；整合各监测点数据，确保实际温湿度完全覆盖划分的温湿度段范围，以氨排放通量为因变量，对应的温度和湿度为自变量，拟合获取规模化养殖场各养殖模式及养殖户氨排放在全国 8 个温湿度区段的响应关系初始模型。

3.2.1.2　率定参数

率定参数包括两类：一是育雏关系率定参数（k_2），用于率定繁育畜禽（母猪与育肥猪）、育雏畜禽（育雏牛与产奶牛）氨排放关系，消除繁育畜禽、育雏畜禽等未纳入普查入户调查口径畜禽对氨排放系数的影响（详见第 2 章 2.3.4.2）。二是特殊自然条件率定参数（k_3），针对液态粪污，用于率定在特殊自然条件下氨零排、低排（冬季低温肥水储存池结冰、部分结冰）对部分粪污处理设施氨排放系数的关系，消除特殊自然条件对部分粪污处理设施氨排放系数的影响（详见第 2 章 2.3.4.3）。

3.2.1.3　标准模型

将繁育、育雏阶段畜禽氨排放（育雏关系率定参数 k_2）、部分低温粪污存储设施零排、低排等因素（特殊自然条件率定参数 k_3）统一纳入初始响应关系模型进行二次核算，最终形成全国 8 个温湿度段氨排放响应关系标准模型。

【率定示例】

育雏关系率定：以拟合获得 D 温湿度段内生猪规模化干清粪圈舍氨排放温湿度响应关系初始模型为例（详见第 2 章 2.4），添加育雏关系率定参数（k_2）获得标准模型，结果见表 3.1。

表 3.1　生猪规模化干清粪圈舍氨排放温湿度响应关系初始模型

温湿度段	初始响应关系	育雏关系率定参数 k_2	标准响应关系
D	$y=ax_1-bx_2+c$	m	$Y=m(ax_1-bx_2+c)$

注：x_1 为温度，℃；x_2 为湿度，%；y、Y 分别为初始模型、标准模型氨排放通量，mg/（h·头）；$P<0.001$；a、b、c、m 为常数。

特殊自然条件率定：特殊自然条件率定主要针对液态粪污处理设施中的肥水储存池，因该模式多暴露于室外，在 A 或 B 温湿度段下（温度＜0℃），可认为该模式已结冰或部分结冰，无氨或少氨排放，对应的特殊自然条件率定参数（k_3）取 0。

表 3.2　规模化圈舍（Ⅰ）氨排放温湿度响应关系标准模型

温湿度段编号		A	B	C	D	E	F	G	H
响应关系模型编号		Ⅰ	Ⅰ	Ⅰ	Ⅰ	Ⅰ	Ⅰ	Ⅰ	Ⅰ
生猪干清粪封闭式	1	A/Ⅰ/1	B/Ⅰ/1	C/Ⅰ/1	D/Ⅰ/1	E/Ⅰ/1	F/Ⅰ/1	G/Ⅰ/1	H/Ⅰ/1

温湿度段编号		A	B	C	D	E	F	G	H
响应关系模型编号		Ⅰ	Ⅰ	Ⅰ	Ⅰ	Ⅰ	Ⅰ	Ⅰ	Ⅰ
生猪干清粪开放式	2	A/Ⅰ/2	B/Ⅰ/2	C/Ⅰ/2	D/Ⅰ/2	E/Ⅰ/2	F/Ⅰ/2	G/Ⅰ/2	H/Ⅰ/2
生猪垫草垫料开放式	3	A/Ⅰ/3	B/Ⅰ/3	C/Ⅰ/3	D/Ⅰ/3	E/Ⅰ/3	F/Ⅰ/3	G/Ⅰ/3	H/Ⅰ/3
生猪水冲粪封闭式	4	A/Ⅰ/4	B/Ⅰ/4	C/Ⅰ/4	D/Ⅰ/4	E/Ⅰ/4	F/Ⅰ/4	G/Ⅰ/4	H/Ⅰ/4
生猪水冲粪开放式	5	A/Ⅰ/5	B/Ⅰ/5	C/Ⅰ/5	D/Ⅰ/5	E/Ⅰ/5	F/Ⅰ/5	G/Ⅰ/5	H/Ⅰ/5
生猪水泡粪封闭式	6	A/Ⅰ/6	B/Ⅰ/6	C/Ⅰ/6	D/Ⅰ/6	E/Ⅰ/6	F/Ⅰ/6	G/Ⅰ/6	H/Ⅰ/6
生猪水泡粪开放式	7	A/Ⅰ/7	B/Ⅰ/7	C/Ⅰ/7	D/Ⅰ/7	E/Ⅰ/7	F/Ⅰ/7	G/Ⅰ/7	H/Ⅰ/7
奶牛干清粪开放式	8	A/Ⅰ/8	B/Ⅰ/8	C/Ⅰ/8	D/Ⅰ/8	E/Ⅰ/8	F/Ⅰ/8	G/Ⅰ/8	H/Ⅰ/8
肉牛干清粪开放式	9	A/Ⅰ/9	B/Ⅰ/9	C/Ⅰ/9	D/Ⅰ/9	E/Ⅰ/9	F/Ⅰ/9	G/Ⅰ/9	H/Ⅰ/9
蛋鸡干清粪封闭式	10	A/Ⅰ/10	B/Ⅰ/10	C/Ⅰ/10	D/Ⅰ/10	E/Ⅰ/10	F/Ⅰ/10	G/Ⅰ/10	H/Ⅰ/10
肉鸡干清粪封闭式	11	A/Ⅰ/11	B/Ⅰ/11	C/Ⅰ/11	D/Ⅰ/11	E/Ⅰ/11	F/Ⅰ/11	G/Ⅰ/11	H/Ⅰ/11

注：1. A（$x_1 \leq 0$，$x_2 \leq 50$），B（$x_1 \leq 0$，$x_2 > 50$），C（$0 < x_1 \leq 10$，$x_2 \leq 50$），D（$0 < x_1 \leq 10$，$x_2 > 50$），E（$10 < x_1 \leq 20$，$x_2 \leq 50$），F（$10 < x_1 \leq 20$，$x_2 > 50$），G（$x_1 > 20$，$x_2 \leq 50$），H（$x_1 > 20$，$x_2 > 50$）。其中，x_1 为温度（℃），x_2 为湿度（%）。

2. A/Ⅰ/1 代表在 A 温湿度段下规模化生猪干清粪封闭式圈舍的氨排放温湿度响应关系标准模型：

$$Y = k_2 \times y$$

式中：Y 为氨排放通量，mg/（h·头）；y 为对应初始模型［$y = ax_1 - bx_2 + c$，其中，x_1 为温度（℃），x_2 为湿度（%），a、b、c 为常数］；k_2 为育雏关系率定参数。

表 3.3　规模化液态粪污（Ⅱ）氨排放温湿度响应关系标准模型

温湿度段编号		A	B	C	D	E	F	G	H
响应关系模型编号		Ⅱ	Ⅱ	Ⅱ	Ⅱ	Ⅱ	Ⅱ	Ⅱ	Ⅱ
生猪干清粪肥水储存	12	A/Ⅱ/12	B/Ⅱ/12	C/Ⅱ/12	D/Ⅱ/12	E/Ⅱ/12	F/Ⅱ/12	G/Ⅱ/12	H/Ⅱ/12

温湿度段编号		A	B	C	D	E	F	G	H
响应关系模型编号		II	II	II	II	II	II	II	II
生猪干清粪厌氧发酵	13	A/II/13	B/II/13	C/II/13	D/II/13	E/II/13	F/II/13	G/II/13	H/II/13
生猪干清粪好氧处理	14	A/II/14	B/II/14	C/II/14	D/II/14	E/II/14	F/II/14	G/II/14	H/II/14
生猪水冲粪肥水储存	15	A/II/15	B/II/15	C/II/15	D/II/15	E/II/15	F/II/15	G/II/15	H/II/15
生猪水冲粪厌氧发酵	16	A/II/16	B/II/16	C/II/16	D/II/16	E/II/16	F/II/16	G/II/16	H/II/16
生猪水冲粪好氧处理	17	A/II/17	B/II/17	C/II/17	D/II/17	E/II/17	F/II/17	G/II/17	H/II/17
生猪水泡粪肥水储存	18	A/II/18	B/II/18	C/II/18	D/II/18	E/II/18	F/II/18	G/II/18	H/II/18
生猪水泡粪厌氧发酵	19	A/II/19	B/II/19	C/II/19	D/II/19	E/II/19	F/II/19	G/II/19	H/II/19
生猪水泡粪好氧处理	20	A/II/20	B/II/20	C/II/20	D/II/20	E/II/20	F/II/20	G/II/20	H/II/20
奶牛干清粪肥水储存	21	A/II/21	B/II/21	C/II/21	D/II/21	E/II/21	F/II/21	G/II/21	H/II/21
奶牛干清粪厌氧发酵	22	A/II/22	B/II/22	C/II/22	D/II/22	E/II/22	F/II/22	G/II/22	H/II/22
奶牛干清粪好氧处理	23	A/II/23	B/II/23	C/II/23	D/II/23	E/II/23	F/II/23	G/II/23	H/II/23
肉牛干清粪肥水储存	24	A/II/24	B/II/24	C/II/24	D/II/24	E/II/24	F/II/24	G/II/24	H/II/24
肉牛干清粪厌氧发酵	25	A/II/25	B/II/25	C/II/25	D/II/25	E/II/25	F/II/25	G/II/25	H/II/25
肉牛干清粪好氧处理	26	A/II/26	B/II/26	C/II/26	D/II/26	E/II/26	F/II/26	G/II/26	H/II/26
蛋鸡干清粪肥水储存	27	A/II/27	B/II/27	C/II/27	D/II/27	E/II/27	F/II/27	G/II/27	H/II/27
蛋鸡干清粪厌氧发酵	28	A/II/28	B/II/28	C/II/28	D/II/28	E/II/28	F/II/28	G/II/28	H/II/28

温湿度段编号		A	B	C	D	E	F	G	H
响应关系模型编号		II	II	II	II	II	II	II	II
肉鸡干清粪肥水储存	29	A/II/29	B/II/29	C/II/29	D/II/29	E/II/29	F/II/29	G/II/29	H/II/29
肉鸡干清粪厌氧发酵	30	A/II/30	B/II/30	C/II/30	D/II/30	E/II/30	F/II/30	G/II/30	H/II/30

注：1. A（$x_1 \leqslant 0$，$x_2 \leqslant 50$），B（$x_1 \leqslant 0$，$x_2 > 50$），C（$0 < x_1 \leqslant 10$，$x_2 \leqslant 50$），D（$0 < x_1 \leqslant 10$，$x_2 > 50$），E（$10 < x_1 \leqslant 20$，$x_2 \leqslant 50$），F（$10 < x_1 \leqslant 20$，$x_2 > 50$），G（$x_1 > 20$，$x_2 \leqslant 50$），H（$x_1 > 20$，$x_2 > 50$）。其中，x_1 为温度（℃），x_2 为湿度（%）。

2. A/II/12 代表在 A 温湿度段下规模化生猪干清粪肥水储存液态粪污的氨排放温湿度响应关系标准模型：

$$Y = k_3 \times y$$

式中：Y 为氨排放通量，mg/（h·头）；y 为对应初始模型［$y=ax_1-bx_2+c$，其中 x_1 为温度（℃），x_2 为湿度（%），a、b、c 为常数］；k_3 为特殊自然条件率定参数。

表 3.4　规模化固态粪污（III）氨排放温湿度响应关系标准模型

温湿度段编号		A	B	C	D	E	F	G	H
响应关系模型编号		III	III	III	III	III	III	III	III
生猪干清粪堆肥发酵	31	A/III/31	B/III/31	C/III/31	D/III/31	E/III/31	F/III/31	G/III/31	H/III/31
奶牛干清粪堆肥发酵	32	A/III/32	B/III/32	C/III/32	D/III/32	E/III/32	F/III/32	G/III/32	H/III/32
肉牛干清粪堆肥发酵	33	A/III/33	B/III/33	C/III/33	D/III/33	E/III/33	F/III/33	G/III/33	H/III/33
蛋鸡干清粪堆肥发酵	34	A/III/34	B/III/34	C/III/34	D/III/34	E/III/34	F/III/34	G/III/34	H/III/34
肉鸡干清粪堆肥发酵	35	A/III/35	B/III/35	C/III/35	D/III/35	E/III/35	F/III/35	G/III/35	H/III/35

注：1. A（$x_1 \leqslant 0$，$x_2 \leqslant 50$），B（$x_1 \leqslant 0$，$x_2 > 50$），C（$0 < x_1 \leqslant 10$，$x_2 \leqslant 50$），D（$0 < x_1 \leqslant 10$，$x_2 > 50$），E（$10 < x_1 \leqslant 20$，$x_2 \leqslant 50$），F（$10 < x_1 \leqslant 20$，$x_2 > 50$），G（$x_1 > 20$，$x_2 \leqslant 50$），H（$x_1 > 20$，$x_2 > 50$）。其中，x_1 为温度（℃），x_2 为湿度（%）。

2. A/III/31 代表在 A 温湿度段下生猪人工干清粪堆肥发酵固态粪污的氨排放温湿度响应关系标准模型：

$$Y = y$$

式中：Y 为氨排放通量，mg/（h·头）；y 为对应初始模型［$y=ax_1-bx_2+c$，其中，x_1 为温度（℃），x_2 为湿度（%），a、b、c 为常数］。

表 3.5 养殖户圈舍（Ⅳ）氨排放温湿度响应关系标准模型

温湿度段编号		A	B	C	D	E	F	G	H
响应关系模型编号		Ⅳ	Ⅳ	Ⅳ	Ⅳ	Ⅳ	Ⅳ	Ⅳ	Ⅳ
生猪干清粪开放式	36	A/Ⅳ/36	B/Ⅳ/36	C/Ⅳ/36	D/Ⅳ/36	E/Ⅳ/36	F/Ⅳ/36	G/Ⅳ/36	H/Ⅳ/36
奶牛干清粪开放式	37	A/Ⅳ/37	B/Ⅳ/37	C/Ⅳ/37	D/Ⅳ/37	E/Ⅳ/37	F/Ⅳ/37	G/Ⅳ/37	H/Ⅳ/37
肉牛干清粪开放式	38	A/Ⅳ/38	B/Ⅳ/38	C/Ⅳ/38	D/Ⅳ/38	E/Ⅳ/38	F/Ⅳ/38	G/Ⅳ/38	H/Ⅳ/38
蛋鸡干清粪开放式	39	A/Ⅳ/39	B/Ⅳ/39	C/Ⅳ/39	D/Ⅳ/39	E/Ⅳ/39	F/Ⅳ/39	G/Ⅳ/39	H/Ⅳ/39
肉鸡干清粪开放式	40	A/Ⅳ/40	B/Ⅳ/40	C/Ⅳ/40	D/Ⅳ/40	E/Ⅳ/40	F/Ⅳ/40	G/Ⅳ/40	H/Ⅳ/40

注：1. A（$x_1 \leq 0$，$x_2 \leq 50$），B（$x_1 \leq 0$，$x_2 > 50$），C（$0 < x_1 \leq 10$，$x_2 \leq 50$），D（$0 < x_1 \leq 10$，$x_2 > 50$），E（$10 < x_1 \leq 20$，$x_2 \leq 50$），F（$10 < x_1 \leq 20$，$x_2 > 50$），G（$x_1 > 20$，$x_2 \leq 50$），H（$x_1 > 20$，$x_2 > 50$）。其中，x_1 为温度（℃），x_2 为湿度（%）。

2. A/Ⅳ/36 代表在 A 温湿度段下养殖户生猪干清粪开放式圈舍的氨排放温湿度响应关系标准模型：

$$Y = k_2 \times y$$

式中：Y 为氨排放通量，mg/（h·头）；y 为对应初始模型［$y=ax_1-bx_2+c$，其中，x_1 为温度（℃），x_2 为湿度（%），a、b、c 为常数］；k_2 为育雏关系率定参数。

表 3.6 养殖户粪污（Ⅴ）氨排放温湿度响应关系标准模型

温湿度段编号		A	B	C	D	E	F	G	H
响应关系模型编号		Ⅴ	Ⅴ	Ⅴ	Ⅴ	Ⅴ	Ⅴ	Ⅴ	Ⅴ
生猪干清粪肥水储存	41	A/Ⅴ/41	B/Ⅴ/41	C/Ⅴ/41	D/Ⅴ/41	E/Ⅴ/41	F/Ⅴ/41	G/Ⅴ/41	H/Ⅴ/41
奶牛干清粪肥水储存	42	A/Ⅴ/42	B/Ⅴ/42	C/Ⅴ/42	D/Ⅴ/42	E/Ⅴ/42	F/Ⅴ/42	G/Ⅴ/42	H/Ⅴ/42
肉牛干清粪肥水储存	43	A/Ⅴ/43	B/Ⅴ/43	C/Ⅴ/43	D/Ⅴ/43	E/Ⅴ/43	F/Ⅴ/43	G/Ⅴ/43	H/Ⅴ/43
蛋鸡干清粪肥水储存	44	A/Ⅴ/44	B/Ⅴ/44	C/Ⅴ/44	D/Ⅴ/44	E/Ⅴ/44	F/Ⅴ/44	G/Ⅴ/44	H/Ⅴ/44

温湿度段编号		A	B	C	D	E	F	G	H
响应关系模型编号		V	V	V	V	V	V	V	V
肉鸡干清粪肥水储存	45	A/V/45	B/V/45	C/V/45	D/V/45	E/V/45	F/V/45	G/V/45	H/V/45

注：1. A（$x_1 \leqslant 0$，$x_2 \leqslant 50$），B（$x_1 \leqslant 0$，$x_2 > 50$），C（$0 < x_1 \leqslant 10$，$x_2 \leqslant 50$），D（$0 < x_1 \leqslant 10$，$x_2 > 50$），E（$10 < x_1 \leqslant 20$，$x_2 \leqslant 50$），F（$10 < x_1 \leqslant 20$，$x_2 > 50$），G（$x_1 > 20$，$x_2 \leqslant 50$），H（$x_1 > 20$，$x_2 > 50$）。其中，x_1 为温度（℃），x_2 为湿度（%）。

2. A/V/41 代表在 A 温湿度段下养殖户生猪干清粪肥水储存液态粪污的氨排放温湿度响应关系标准模型：

$$Y = k_3 \times y$$

式中：Y 为氨排放通量，mg/（h·头）；y 为对应初始模型［$y=ax_1-bx_2+c$，其中，x_1 为温度（℃），x_2 为湿度（%），a、b、c 为常数］；k_3 为特殊自然条件率定参数。

3.2.2 全国县（区）标准模型匹配

根据不同养殖模式畜禽养殖氨排放主要受温湿度影响的特征，摒弃了传统的地理分区率定思路，主要采用气候分区率定，即根据全国县（区）2017 年平均温湿度对应全国 8 个温湿度段，进而匹配相应的 8 个温湿度段氨排放响应关系标准模型，核算该区域不同养殖模式全年氨排放量，进而率定获取不同养殖模式氨排放系数，消除了“一污普”因严格的地理分区导致相邻区县部分污染物排放系数差异巨大的问题。

3.2.2.1 全国县（区）分季节温湿度获取

由于我国幅员辽阔，部分区域四季分明，直接使用全国县（区）2017 年平均温湿度代入对应的氨排放响应关系标准模型核算氨排量将显著降低系数率定精度。为此，将全国 8 个温湿度段纳入四季，春季占 8 个区段，夏季占 5 个区段，秋季占 7 个区段，冬季占 7 个区段（表 2.9）。根据全国县（区）2017 年四季平均温湿度结果，将各县（区）分季节纳入全国四季温湿度各区段（表 2.10），四季纳入结果见表 3.7 和表 3.8，春季全国分布于 F 温湿度段（温度：10～20℃，湿度：＞50%）县（区）数最多，为 1 849 个，占全国县（区）总数的 55.74%；其次是 E 温湿度段（温度：10～20℃，湿度：＞50%），占比为 15.38%。二者占全国县（区）总数的 71.12%，表明春季全国绝大部分处于 10～20℃温度段。春季温湿度段分布县（区）最少的是 B 温湿度段（温度：＜0℃，湿度：＞50%），仅有西北区的 6 个县（区）。夏季全国 84.38%的县（区）（2 799 个）分布于 H 温湿度段（温度：＞20℃，湿度：＞50%），D 温湿度段（温度：0～10℃，湿度：＞50%）分布县（区）最少仅为 17 个，占 0.51%，其中 16 个位于西北区，1 个位于西南区。秋季与春季相似，F 温湿度段（温度：10～20℃，湿度：＞50%）分布的县（区）最多，达到 1 846 个，占全国县（区）总数的 55.65%，其次是 D 温湿度段（温度：0～10℃，湿度：＞50%）681 个县（区）占 20.53%；A 温湿度（温度：＜0℃，湿度：＜50%）段分布最少，仅有西北区的 1 个县。冬季全国县（区）的温湿度主要集中在 D 温湿度段（温度：0～10℃，湿度：＞50%）和 B 温湿度段（温度：＜0℃，湿度：＞50%），分别占 44.95%和 22.94%；E 温湿度段（温度：＞20℃，湿度：＞50%）分布最少，集中在西南区的 3 个县（区）。

表 3.7　全国区域层面各县（区）四季温湿度纳入温湿度段/标准模型结果

春				
温湿度段/标准模型	区域	县（区）数	合计	占比/%
A/Ⅰ/1～A/Ⅰ/11，A/Ⅱ/12～A/Ⅱ/30，A/Ⅲ/31～A/Ⅲ/35，A/Ⅳ/36～A/Ⅳ/40，A/Ⅴ/41～A/Ⅴ/45	西北	8	8	0.24
B/Ⅰ/1～B/Ⅰ/11，B/Ⅱ/12～B/Ⅱ/30，B/Ⅲ/31～B/Ⅲ/35，B/Ⅳ/36～B/Ⅳ/40，B/Ⅴ/41～B/Ⅴ/45	西北	6	6	0.18
C/Ⅰ/1～C/Ⅰ/11，C/Ⅱ/12～C/Ⅱ/30，C/Ⅲ/31～C/Ⅲ/35，C/Ⅳ/36～C/Ⅳ/40，C/Ⅴ/41～C/Ⅴ/45	东北	54	251	7.57
	华北	94		
	西北	98		
	西南	5		
D/Ⅰ/1～D/Ⅰ/11，D/Ⅱ/12～D/Ⅱ/30，D/Ⅲ/31～D/Ⅲ/35，D/Ⅳ/36～D/Ⅳ/40，D/Ⅴ/41～D/Ⅴ/45	东北	172	317	9.56
	华北	8		
	华东	1		
	西北	119		
	西南	17		
E/Ⅰ/1～E/Ⅰ/11，E/Ⅱ/12～E/Ⅱ/30，E/Ⅲ/31～E/Ⅲ/35，E/Ⅳ/36～E/Ⅳ/40，E/Ⅴ/41～E/Ⅴ/45	东北	70	510	15.38
	华北	298		
	华东	3		
	西北	131		
	西南	8		

温湿度段/标准模型	区域	县（区）数	合计	占比/%
春				
F/Ⅰ/1～F/Ⅰ/11，F/Ⅱ/12～F/Ⅱ/30，F/Ⅲ/31～F/Ⅲ/35，F/Ⅳ/36～F/Ⅳ/40，F/Ⅴ/41～F/Ⅴ/45	东北	32	1 849	55.74
	华北	244		
	华东	670		
	华南	285		
	西北	225		
	西南	393		
G/Ⅰ/1～G/Ⅰ/11，G/Ⅱ/12～G/Ⅱ/30，G/Ⅲ/31～G/Ⅲ/35，G/Ⅳ/36～G/Ⅳ/40，G/Ⅴ/41～G/Ⅴ/45	西北	1	12	0.36
	西南	11		
H/Ⅰ/1～H/Ⅰ/11，H/Ⅱ/12～H/Ⅱ/30，H/Ⅲ/31～H/Ⅲ/35，H/Ⅳ/36～H/Ⅳ/40，H/Ⅴ/41～H/Ⅴ/45	华东	29	364	10.97
	华南	306		
	西南	29		
夏				
D/Ⅰ/1～D/Ⅰ/11，D/Ⅱ/12～D/Ⅱ/30，D/Ⅲ/31～D/Ⅲ/35，D/Ⅳ/36～D/Ⅳ/40，D/Ⅴ/41～D/Ⅴ/45	西北	16	17	0.51
	西南	1		
E/Ⅰ/1～E/Ⅰ/11，E/Ⅱ/12～E/Ⅱ/30，E/Ⅲ/31～E/Ⅲ/35，E/Ⅳ/36～E/Ⅳ/40，E/Ⅴ/41～E/Ⅴ/45	西北	21	21	0.63
F/Ⅰ/1～F/Ⅰ/11，F/Ⅱ/12～F/Ⅱ/30，F/Ⅲ/31～F/Ⅲ/35，F/Ⅳ/36～F/Ⅳ/40，F/Ⅴ/41～F/Ⅴ/45	东北	41	292	8.80
	华北	41		
	华东	1		
	西北	155		
	西南	54		
G/Ⅰ/1～G/Ⅰ/11，G/Ⅱ/12～G/Ⅱ/30，G/Ⅲ/31～G/Ⅲ/35，G/Ⅳ/36～G/Ⅳ/40，G/Ⅴ/41～G/Ⅴ/45	华北	29	188	5.67
	西北	159		
H/Ⅰ/1～H/Ⅰ/11，H/Ⅱ/12～H/Ⅱ/30，H/Ⅲ/31～H/Ⅲ/35，H/Ⅳ/36～H/Ⅳ/40，H/Ⅴ/41～H/Ⅴ/45	东北	287	2 799	84.38
	华北	574		
	华东	702		
	华南	591		
	西北	237		
	西南	408		

秋				
温湿度段/标准模型	区域	县（区）数	合计	占比/%
A/Ⅰ/1～A/Ⅰ/11，A/Ⅱ/12～A/Ⅱ/30，A/Ⅲ/31～A/Ⅲ/35，A/Ⅳ/36～A/Ⅳ/40，A/Ⅴ/41～A/Ⅴ/45	西北	1	1	0.03
B/Ⅰ/1～B/Ⅰ/11，B/Ⅱ/12～B/Ⅱ/30，B/Ⅲ/31～B/Ⅲ/35，B/Ⅳ/36～B/Ⅳ/40，B/Ⅴ/41～B/Ⅴ/45	东北	9	23	0.69
	华北	11		
	西北	3		
C/Ⅰ/1～C/Ⅰ/11，C/Ⅱ/12～C/Ⅱ/30，C/Ⅲ/31～C/Ⅲ/35，C/Ⅳ/36～C/Ⅳ/40，C/Ⅴ/41～C/Ⅴ/45	华北	46	129	3.89
	西北	83		
D/Ⅰ/1～D/Ⅰ/11，D/Ⅱ/12～D/Ⅱ/30，D/Ⅲ/31～D/Ⅲ/35，D/Ⅳ/36～D/Ⅳ/40，D/Ⅴ/41～D/Ⅴ/45	东北	260	681	20.53
	华北	134		
	西北	265		
	西南	22		
E/Ⅰ/1～E/Ⅰ/11，E/Ⅱ/12～E/Ⅱ/30，E/Ⅲ/31～E/Ⅲ/35，E/Ⅳ/36～E/Ⅳ/40，E/Ⅴ/41～E/Ⅴ/45	东北	6	51	1.54
	西北	43		
	西南	2		
F/Ⅰ/1～F/Ⅰ/11，F/Ⅱ/12～F/Ⅱ/30，F/Ⅲ/31～F/Ⅲ/35，F/Ⅳ/36～F/Ⅳ/40，F/Ⅴ/41～F/Ⅴ/45	东北	53	1 846	55.65
	华北	453		
	华东	526		
	华南	225		
	西北	193		
	西南	396		
H/Ⅰ/1～H/Ⅰ/11，H/Ⅱ/12～H/Ⅱ/30，H/Ⅲ/31～H/Ⅲ/35，H/Ⅳ/36～H/Ⅳ/40，H/Ⅴ/41～H/Ⅴ/45	华东	177	586	17.67
	华南	366		
	西南	43		

冬				
温湿度段/标准模型	区域	县（区）数	合计	占比/%
A/Ⅰ/1～A/Ⅰ/11，A/Ⅱ/12～A/Ⅱ/30，A/Ⅲ/31～A/Ⅲ/35，A/Ⅳ/36～A/Ⅳ/40，A/Ⅴ/41～A/Ⅴ/45	东北	30	386	11.64
	华北	177		
	西北	171		
	西南	8		
B/Ⅰ/1～B/Ⅰ/11，B/Ⅱ/12～B/Ⅱ/30，B/Ⅲ/31～B/Ⅲ/35，B/Ⅳ/36～B/Ⅳ/40，B/Ⅴ/41～B/Ⅴ/45	东北	298	761	22.94
	华北	158		
	华东	6		
	西北	294		
	西南	5		

冬				
温湿度段/标准模型	区域	县（区）数	合计	占比/%
C/Ⅰ/1～C/Ⅰ/11，C/Ⅱ/12～C/Ⅱ/30，C/Ⅲ/31～C/Ⅲ/35，C/Ⅳ/36～C/Ⅳ/40，C/Ⅴ/41～C/Ⅴ/45	华北	66	100	3.01
	西北	20		
	西南	14		
D/Ⅰ/1～D/Ⅰ/11，D/Ⅱ/12～D/Ⅱ/30，D/Ⅲ/31～D/Ⅲ/35，D/Ⅳ/36～D/Ⅳ/40，D/Ⅴ/41～D/Ⅴ/45	华北	243	1 491	44.95
	华东	592		
	华南	242		
	西北	103		
	西南	311		
E/Ⅰ/1～E/Ⅰ/11，E/Ⅱ/12～E/Ⅱ/30，E/Ⅲ/31～E/Ⅲ/35，E/Ⅳ/36～E/Ⅳ/40，E/Ⅴ/41～E/Ⅴ/45	西南	3	3	0.09
F/Ⅰ/1～F/Ⅰ/11，F/Ⅱ/12～F/Ⅱ/30，F/Ⅲ/31～F/Ⅲ/35，F/Ⅳ/36～F/Ⅳ/40，F/Ⅴ/41～F/Ⅴ/45	华东	105	562	16.94
	华南	335		
	西南	122		
H/Ⅰ/1～H/Ⅰ/11，H/Ⅱ/12～H/Ⅱ/30，H/Ⅲ/31～H/Ⅲ/35，H/Ⅳ/36～H/Ⅳ/40，H/Ⅴ/41～H/Ⅴ/45	华南	14	14	0.42

表 3.8　全国地市级层面各县（区）四季温湿度纳入温湿度段/标准模型结果

2017 年春季温湿度分区				
范围	大区	省	市	县（区）
A/Ⅰ/1～A/Ⅰ/11，A/Ⅱ/12～A/Ⅱ/30，A/Ⅲ/31～A/Ⅲ/35，A/Ⅳ/36～A/Ⅳ/40，A/Ⅴ/41～A/Ⅴ/45	西北	青海省	果洛藏族自治州	1
			玉树藏族自治州	3
		西藏自治区	那曲市	4
B/Ⅰ/1～B/Ⅰ/11，B/Ⅱ/12～B/Ⅱ/30，B/Ⅲ/31～B/Ⅲ/35，B/Ⅳ/36～B/Ⅳ/40，B/Ⅴ/41～B/Ⅴ/45	西北	青海省	果洛藏族自治州	1
			黄南藏族自治州	1
		西藏自治区	林芝市	1
			那曲市	1
		新疆维吾尔自治区	乌鲁木齐市	2

2017年春季温湿度分区				
范围	大区	省	市	县（区）
C/Ⅰ/1～C/Ⅰ/11，C/Ⅱ/12～C/Ⅱ/30，C/Ⅲ/31～C/Ⅲ/35，C/Ⅳ/36～C/Ⅳ/40，C/Ⅴ/41～C/Ⅴ/45	东北	黑龙江省	大庆市	10
			哈尔滨市	1
			黑河市	1
			鸡西市	1
			齐齐哈尔市	16
			绥化市	5
			总局直属	2
		吉林省	白城市	6
			四平市	1
			松原市	6
			延边朝鲜族自治州	2
			长春市	3
	华北	河北省	承德市	1
			张家口市	9
		内蒙古自治区	巴彦淖尔市	2
			包头市	3
			赤峰市	9
			鄂尔多斯市	5
			呼和浩特市	6
			呼伦贝尔市	10
			乌兰察布市	11
			锡林郭勒盟	12
			兴安盟	5
		山西省	大同市	7
			晋中市	1
			吕梁市	3
			朔州市	3
			忻州市	7
	西北	甘肃省	金昌市	2
			酒泉市	2
			兰州市	3
			武威市	3
			张掖市	4
		宁夏回族自治区	中卫市	1

2017年春季温湿度分区				
范围	大区	省	市	县（区）
C/Ⅰ/1～C/Ⅰ/11，C/Ⅱ/12～C/Ⅱ/30，C/Ⅲ/31～C/Ⅲ/35，C/Ⅳ/36～C/Ⅳ/40，C/Ⅴ/41～C/Ⅴ/45	西北	青海省	海东市	4
			海南藏族自治州	3
			海西蒙古族藏族自治州	7
			黄南藏族自治州	1
			玉树藏族自治州	3
		西藏自治区	阿里地区	7
			昌都市	5
			拉萨市	12
			那曲市	6
			日喀则市	17
			山南市	11
		新疆维吾尔自治区	哈密市	3
			喀什地区	1
			克孜勒苏柯尔克孜自治州	2
				1
		新疆生产建设兵团	三师	
	西南	四川省	甘孜藏族自治州	5
D/Ⅰ/1～D/Ⅰ/11，D/Ⅱ/12～D/Ⅱ/30，D/Ⅲ/31～D/Ⅲ/35，D/Ⅳ/36～D/Ⅳ/40，D/Ⅴ/41～D/Ⅴ/45	东北	黑龙江省	大兴安岭地区	7
			哈尔滨市	17
			鹤岗市	8
			黑河市	5
			鸡西市	8
			佳木斯市	10
			牡丹江市	11
			七台河市	4
			双鸭山市	8
			绥化市	5
			伊春市	17
			总局直属	7
		吉林省	白山市	8
			公主岭市	1
			吉林市	12
			辽源市	4
			梅河口市	1

2017年春季温湿度分区				
范围	大区	省	市	县（区）
D/Ⅰ/1～D/Ⅰ/11，D/Ⅱ/12～D/Ⅱ/30，D/Ⅲ/31～D/Ⅲ/35，D/Ⅳ/36～D/Ⅳ/40，D/Ⅴ/41～D/Ⅴ/45	东北	吉林省	四平市	1
			通化市	6
			延边朝鲜族自治州	6
			长白山保护开发区管理委员会	3
			长春市	12
		辽宁省	鞍山市	1
			本溪市	1
			丹东市	2
			抚顺市	7
	华北	内蒙古自治区	呼伦贝尔市	4
			通辽市	1
			锡林郭勒盟	1
			兴安盟	1
		山西省	晋中市	1
		安徽省	黄山市	1
	西北	甘肃省	白银市	1
			定西市	7
			甘南藏族自治州	7
			兰州市	6
			临夏回族自治州	7
			平凉市	3
			庆阳市	1
			天水市	1
			武威市	1
		宁夏回族自治区	固原市	5
		青海省	果洛藏族自治州	4
			海北藏族自治州	4
			海东市	2
			海南藏族自治州	2
			海西蒙古族藏族自治州	1
			黄南藏族自治州	2
			西宁市	7
		陕西省	延安市	2

2017 年春季温湿度分区

范围	大区	省	市	县（区）
D/Ⅰ/1～D/Ⅰ/11，D/Ⅱ/12～D/Ⅱ/30，D/Ⅲ/31～D/Ⅲ/35，D/Ⅳ/36～D/Ⅳ/40，D/Ⅴ/41～D/Ⅴ/45	西北	西藏自治区	昌都市	6
			林芝市	4
			日喀则市	1
			山南市	1
		新疆维吾尔自治区	阿勒泰地区	7
			博尔塔拉蒙古自治州	2
			昌吉回族自治州	3
			塔城地区	3
			乌鲁木齐市	2
			伊犁哈萨克自治州	3
		新疆生产建设兵团	九师	3
			六师	3
			十二师	2
			十师	10
			四师	5
			五师	1
	西南	四川省	阿坝藏族羌族自治州	6
			甘孜藏族自治州	8
			乐山市	1
		云南省	迪庆藏族自治州	2
E/Ⅰ/1～E/Ⅰ/11，E/Ⅱ/12～E/Ⅱ/30，E/Ⅲ/31～E/Ⅲ/35，E/Ⅳ/36～E/Ⅳ/40，E/Ⅴ/41～E/Ⅴ/45	东北	吉林省	四平市	3
		辽宁省	鞍山市	4
			本溪市	5
			朝阳市	7
			大连市	1
			阜新市	7
			葫芦岛市	6
			锦州市	5
			辽阳市	7
			盘锦市	1
			沈阳市	13
			铁岭市	5

2017 年春季温湿度分区				
范围	大区	省	市	县（区）
E/Ⅰ/1～E/Ⅰ/11，E/Ⅱ/12～E/Ⅱ/30，E/Ⅲ/31～E/Ⅲ/35，E/Ⅳ/36～E/Ⅳ/40，E/Ⅴ/41～E/Ⅴ/45	东北	辽宁省	营口市	6
	华北	北京市	市辖区	17
		河北省	保定市	23
			沧州市	11
			承德市	11
			邯郸市	5
			衡水市	4
			廊坊市	11
			秦皇岛市	8
			省直辖县级行政区划	2
			石家庄市	20
			唐山市	10
			邢台市	7
			张家口市	10
		河南省	安阳市	4
			焦作市	1
			洛阳市	9
			三门峡市	4
			新乡市	1
			郑州市	9
		内蒙古自治区	阿拉善盟	4
			巴彦淖尔市	5
			包头市	7
			赤峰市	3
			鄂尔多斯市	4
			呼和浩特市	4
			通辽市	8
			乌海市	3
		山西省	大同市	4
			晋中市	9
			临汾市	11
			吕梁市	10
			朔州市	4
			太原市	11
			忻州市	8

2017年春季温湿度分区				
范围	大区	省	市	县（区）
E/Ⅰ/1～E/Ⅰ/11，E/Ⅱ/12～E/Ⅱ/30，E/Ⅲ/31～E/Ⅲ/35，E/Ⅳ/36～E/Ⅳ/40，E/Ⅴ/41～E/Ⅴ/45	华北	山西省	阳泉市	6
			运城市	4
			长治市	11
		天津市	市辖区	15
		江苏省	南京市	2
		山东省	莱芜市	1
	西北	甘肃省	白银市	4
			嘉峪关市	1
			酒泉市	5
			临夏回族自治州	1
			庆阳市	1
			张掖市	2
		宁夏回族自治区	省直辖县级行政区划	1
			石嘴山市	3
			吴忠市	5
			银川市	7
			中卫市	2
		陕西省	韩城市	1
			渭南市	2
			延安市	3
			榆林市	12
		西藏自治区	林芝市	1
		新疆维吾尔自治区	阿克苏地区	8
			巴音郭楞蒙古自治州	9
			和田地区	8
			喀什地区	11
			克孜勒苏柯尔克孜自治州	2
			吐鲁番市	4
		新疆生产建设兵团	二师	15
			三师	11
			十三师	8
			十四师	1
			一师	3

2017年春季温湿度分区				
范围	大区	省	市	县（区）
E/Ⅰ/1～E/Ⅰ/11，E/Ⅱ/12～E/Ⅱ/30，E/Ⅲ/31～E/Ⅲ/35，E/Ⅳ/36～E/Ⅳ/40，E/Ⅴ/41～E/Ⅴ/45	西南	四川省	甘孜藏族自治州	4
			凉山彝族自治州	1
			自贡市	3
F/Ⅰ/1～F/Ⅰ/11，F/Ⅱ/12～F/Ⅱ/30，F/Ⅲ/31～F/Ⅲ/35，F/Ⅳ/36～F/Ⅳ/40，F/Ⅴ/41～F/Ⅴ/45	东北	辽宁省	鞍山市	5
			大连市	11
			丹东市	5
			锦州市	4
			盘锦市	5
			铁岭市	2
	华北	河北省	保定市	2
			沧州市	8
			邯郸市	15
			衡水市	9
			秦皇岛市	1
			石家庄市	3
			唐山市	8
			邢台市	13
		河南省	安阳市	6
			鹤壁市	6
			焦作市	10
			开封市	9
			洛阳市	8
			漯河市	6
			南阳市	15
			平顶山市	12
			濮阳市	8
			三门峡市	4
			商丘市	11
			省直辖县级行政区划	1
			新乡市	14
			信阳市	11
			许昌市	7
			郑州市	7
			周口市	14
			驻马店市	11

2017年春季温湿度分区				
范围	大区	省	市	县（区）
F/Ⅰ/1～F/Ⅰ/11，F/Ⅱ/12～F/Ⅱ/30，F/Ⅲ/31～F/Ⅲ/35，F/Ⅳ/36～F/Ⅳ/40，F/Ⅴ/41～F/Ⅴ/45	华北	山西省	晋城市	6
			临汾市	6
			运城市	9
			长治市	3
		天津市	市辖区	1
	华东	安徽省	安庆市	11
			蚌埠市	9
			亳州市	4
			池州市	4
			滁州市	10
			阜阳市	10
			合肥市	12
			淮北市	4
			淮南市	7
			黄山市	6
			六安市	7
			马鞍山市	6
			铜陵市	4
			芜湖市	10
			宿州市	7
			宣城市	8
		福建省	福州市	13
			龙岩市	3
			南平市	10
			宁德市	9
			莆田市	4
			泉州市	5
			三明市	12
		江苏省	常州市	6
			淮安市	11
			连云港市	8
			南京市	9
			南通市	11
			苏州市	10
			泰州市	7

2017年春季温湿度分区				
范围	大区	省	市	县（区）
F/Ⅰ/1～F/Ⅰ/11，F/Ⅱ/12～F/Ⅱ/30，F/Ⅲ/31～F/Ⅲ/35，F/Ⅳ/36～F/Ⅳ/40，F/Ⅴ/41～F/Ⅴ/45	华东	江苏省	无锡市	7
			宿迁市	6
			徐州市	11
			盐城市	11
			扬州市	7
			镇江市	8
		江西省	抚州市	11
			赣州市	17
			吉安市	15
			景德镇市	4
			九江市	14
			南昌市	9
			萍乡市	5
			上饶市	12
			新余市	4
			宜春市	10
			鹰潭市	3
		山东省	滨州市	7
			德州市	13
			东营市	7
			菏泽市	11
			济南市	12
			济宁市	14
			莱芜市	1
			聊城市	11
			临沂市	15
			青岛市	11
			日照市	6
			泰安市	8
			威海市	8
			潍坊市	13
			烟台市	14
			枣庄市	6
			淄博市	11

2017年春季温湿度分区				
范围	大区	省	市	县（区）
F/Ⅰ/1～F/Ⅰ/11，F/Ⅱ/12～F/Ⅱ/30，F/Ⅲ/31～F/Ⅲ/35，F/Ⅳ/36～F/Ⅳ/40，F/Ⅴ/41～F/Ⅴ/45	华东	上海市	市辖区	16
		浙江省	杭州市	14
			湖州市	7
			嘉兴市	7
			金华市	9
			丽水市	9
			宁波市	10
			衢州市	7
			绍兴市	6
			台州市	9
			温州市	13
			舟山市	4
	华南	广东省	清远市	3
			韶关市	8
		广西壮族自治区	百色市	1
			桂林市	17
			河池市	5
			贺州市	4
			来宾市	1
			柳州市	3
			梧州市	1
		湖北省	鄂州市	3
			恩施土家族苗族自治州	8
			黄冈市	11
			黄石市	6
			荆门市	5
			荆州市	9
			省直辖县级行政区划	4
			十堰市	8
			随州市	3
			武汉市	13
			咸宁市	6
			襄阳市	9
			孝感市	7
			宜昌市	13

2017年春季温湿度分区				
范围	大区	省	市	县（区）
F/Ⅰ/1～F/Ⅰ/11，F/Ⅱ/12～F/Ⅱ/30，F/Ⅲ/31～F/Ⅲ/35，F/Ⅳ/36～F/Ⅳ/40，F/Ⅴ/41～F/Ⅴ/45	华南	湖南省	常德市	10
			郴州市	11
			衡阳市	15
			怀化市	13
			娄底市	5
			邵阳市	12
			湘潭市	8
			湘西州	10
			益阳市	8
			永州市	14
			岳阳市	10
			张家界市	2
			长沙市	9
			株洲市	10
	西北	甘肃省	甘南藏族自治州	1
			陇南市	9
			平凉市	4
			庆阳市	6
			天水市	6
		陕西省	安康市	11
			宝鸡市	13
			汉中市	11
			商洛市	7
			铜川市	5
			渭南市	10
			西安市	20
			西咸新区	5
			咸阳市	14
			延安市	8
			杨凌示范区	1
		西藏自治区	林芝市	1
		新疆维吾尔自治区	阿克苏地区	2
			博尔塔拉蒙古自治州	2

2017年春季温湿度分区				
范围	大区	省	市	县（区）
F/Ⅰ/1～F/Ⅰ/11，F/Ⅱ/12～F/Ⅱ/30，F/Ⅲ/31～F/Ⅲ/35，F/Ⅳ/36～F/Ⅳ/40，F/Ⅴ/41～F/Ⅴ/45	西北	新疆维吾尔自治区	昌吉回族自治州	4
			克拉玛依市	4
			塔城地区	4
			乌鲁木齐市	7
			伊犁哈萨克自治州	8
		新疆生产建设兵团	八师	13
			九师	8
			六师	9
			七师	13
			十二师	4
			四师	10
			五师	4
			一师	1
	西南	贵州省	安顺市	8
			毕节市	10
			贵安新区省直管新区	1
			贵阳市	14
			六盘水市	5
			黔东南苗族侗族自治州	16
			黔南布依族苗族自治州	11
			黔西南布依族苗族自治州	7
			铜仁市	12
			遵义市	15
		四川省	阿坝藏族羌族自治州	7
			巴中市	6
			成都市	22
			达州市	8
			德阳市	6
			甘孜藏族自治州	1
			广安市	6
			广元市	8
			乐山市	10

2017年春季温湿度分区				
范围	大区	省	市	县（区）
F/Ⅰ/1～F/Ⅰ/11，F/Ⅱ/12～F/Ⅱ/30，F/Ⅲ/31～F/Ⅲ/35，F/Ⅳ/36～F/Ⅳ/40，F/Ⅴ/41～F/Ⅴ/45	西南	四川省	凉山彝族自治州	15
			泸州市	6
			眉山市	6
			绵阳市	9
			南充市	9
			内江市	7
			遂宁市	7
			雅安市	8
			宜宾市	10
			资阳市	3
			自贡市	4
		云南省	保山市	5
			楚雄彝族自治州	9
			大理白族自治州	11
			德宏傣族景颇族自治州	1
			迪庆藏族自治州	1
			红河哈尼族彝族自治州	7
			昆明市	12
			丽江市	4
			临沧市	3
			怒江傈僳族自治州	4
			普洱市	5
			曲靖市	9
			文山壮族苗族自治州	7
			西双版纳傣族自治州	1
			玉溪市	8
			昭通市	10
		重庆市	市辖区	27
			县	12

2017年春季温湿度分区				
范围	大区	省	市	县（区）
G/Ⅰ/1～G/Ⅰ/11，G/Ⅱ/12～G/Ⅱ/30，G/Ⅲ/31～G/Ⅲ/35，G/Ⅳ/36～G/Ⅳ/40，G/Ⅴ/41～G/Ⅴ/45	西北	新疆生产建设兵团	十二师	1
	西南	四川省	泸州市	1
			攀枝花市	5
		云南省	楚雄彝族自治州	1
			大理白族自治州	1
			昆明市	1
			丽江市	1
			昭通市	1
H/Ⅰ/1～H/Ⅰ/11，H/Ⅱ/12～H/Ⅱ/30，H/Ⅲ/31～H/Ⅲ/35，H/Ⅳ/36～H/Ⅳ/40，H/Ⅴ/41～H/Ⅴ/45	华东	福建省	龙岩市	4
			莆田市	1
			泉州市	6
			厦门市	6
			漳州市	11
		江西省	赣州市	1
	华南	广东省	潮州市	3
			东莞市	36
			佛山市	5
			广州市	11
			河源市	7
			惠州市	7
			江门市	7
			揭阳市	10
			茂名市	5
			梅州市	10
			清远市	5
			汕头市	10
			汕尾市	4
			韶关市	2
			深圳市	11
			阳江市	7
			云浮市	5
			湛江市	10
			肇庆市	9
			中山市	25
			珠海市	9

2017年春季温湿度分区				
范围	大区	省	市	县（区）
H/Ⅰ/1～H/Ⅰ/11，H/Ⅱ/12～H/Ⅱ/30，H/Ⅲ/31～H/Ⅲ/35，H/Ⅳ/36～H/Ⅳ/40，H/Ⅴ/41～H/Ⅴ/45	华南	广西壮族自治区	百色市	11
			北海市	4
			崇左市	7
			防城港市	4
			贵港市	5
			河池市	6
			贺州市	1
			来宾市	5
			柳州市	7
			南宁市	12
			钦州市	4
			梧州市	6
			玉林市	7
		海南省	儋州市	1
			海口市	4
			三沙市	3
			三亚市	4
		湖南省	张家界市	2
	华北	河北省	省直辖县级行政区划	15
	西南	贵州省	黔南布依族苗族自治州	1
			黔西南布依族苗族自治州	2
		四川省	凉山彝族自治州	1
		云南省	德宏傣族景颇族自治州	4
			红河哈尼族彝族自治州	6
			昆明市	1
			临沧市	5
			普洱市	5
			文山壮族苗族自治州	1
			西双版纳傣族自治州	2
			玉溪市	1

2017 年夏季温湿度分区				
范围	大区	省	市	县（区）
D/Ⅰ/1～D/Ⅰ/11，D/Ⅱ/12～D/Ⅱ/30，D/Ⅲ/31～D/Ⅲ/35，D/Ⅳ/36～D/Ⅳ/40，D/Ⅴ/41～D/Ⅴ/45	西北	青海省	果洛藏族自治州	3
			黄南藏族自治州	1
			玉树藏族自治州	3
		西藏自治区	林芝市	1
			那曲市	5
			山南市	1
		新疆维吾尔自治区	乌鲁木齐市	2
	西南	四川省	甘孜藏族自治州	1
E/Ⅰ/1～E/Ⅰ/11，E/Ⅱ/12～E/Ⅱ/30，E/Ⅲ/31～E/Ⅲ/35，E/Ⅳ/36～E/Ⅳ/40，E/Ⅴ/41～E/Ⅴ/45	西北	甘肃省	金昌市	1
			酒泉市	2
			武威市	1
		青海省	海西蒙古族藏族自治州	5
		新疆维吾尔自治区	阿勒泰地区	1
			哈密市	3
			喀什地区	1
			克孜勒苏柯尔克孜自治州	1
			塔城地区	1
		新疆生产建设兵团	九师	1
			六师	1
			三师	1
			十师	2
F/Ⅰ/1～F/Ⅰ/11，F/Ⅱ/12～F/Ⅱ/30，F/Ⅲ/31～F/Ⅲ/35，F/Ⅳ/36～F/Ⅳ/40，F/Ⅴ/41～F/Ⅴ/45	东北	黑龙江省	大兴安岭地区	7
			黑河市	1
			牡丹江市	1
			伊春市	12
		吉林省	白山市	3
			吉林市	1
			延边朝鲜族自治州	3
			长白山保护开发区管理委员会	3
			长春市	10

2017年夏季温湿度分区				
范围	大区	省	市	县（区）
F/Ⅰ/1～F/Ⅰ/11，F/Ⅱ/12～F/Ⅱ/30，F/Ⅲ/31～F/Ⅲ/35，F/Ⅳ/36～F/Ⅳ/40，F/Ⅴ/41～F/Ⅴ/45	华北	河北省	承德市	1
			张家口市	8
		内蒙古自治区	赤峰市	1
			呼和浩特市	1
			呼伦贝尔市	8
			通辽市	1
			乌兰察布市	3
			锡林郭勒盟	6
			兴安盟	1
		山西省	晋中市	2
			吕梁市	3
			朔州市	3
			忻州市	3
	华东	安徽省	黄山市	1
	西北	甘肃省	定西市	6
			甘南藏族自治州	7
			金昌市	1
			兰州市	6
			临夏回族自治州	7
			平凉市	3
			天水市	1
			武威市	3
			张掖市	3
		宁夏回族自治区	固原市	5
			中卫市	1
		青海省	果洛藏族自治州	3
			海北藏族自治州	4
			海东市	6
			海南藏族自治州	5
			海西蒙古族藏族自治州	3
			黄南藏族自治州	2
			西宁市	7
			玉树藏族自治州	3
		陕西省	宝鸡市	1

2017 年夏季温湿度分区				
范围	大区	省	市	县（区）
F/Ⅰ/1～F/Ⅰ/11，F/Ⅱ/12～F/Ⅱ/30，F/Ⅲ/31～F/Ⅲ/35，F/Ⅳ/36～F/Ⅳ/40，F/Ⅴ/41～F/Ⅴ/45	西北	西藏自治区	阿里地区	7
			昌都市	11
			拉萨市	12
			林芝市	6
			那曲市	6
			日喀则市	18
			山南市	11
		新疆维吾尔自治区	博尔塔拉蒙古自治州	1
			克孜勒苏柯尔克孜自治州	1
			伊犁哈萨克自治州	2
		新疆生产建设兵团	四师	3
	西南	贵州省	毕节市	1
			六盘水市	1
		四川省	阿坝藏族羌族自治州	8
			甘孜藏族自治州	15
			乐山市	1
			凉山彝族自治州	5
		云南省	保山市	1
			楚雄彝族自治州	2
			大理白族自治州	2
			德宏傣族景颇族自治州	1
			迪庆藏族自治州	3
			昆明市	2
			丽江市	4
			怒江傈僳族自治州	1
			曲靖市	6
			昭通市	1

2017年夏季温湿度分区				
范围	大区	省	市	县（区）
G/Ⅰ/1～G/Ⅰ/11，G/Ⅱ/12～G/Ⅱ/30，G/Ⅲ/31～G/Ⅲ/35，G/Ⅳ/36～G/Ⅳ/40，G/Ⅴ/41～G/Ⅴ/45	华北	内蒙古自治区	阿拉善盟	4
			巴彦淖尔市	6
			包头市	3
			呼和浩特市	3
			呼伦贝尔市	2
			乌海市	2
			乌兰察布市	2
			锡林郭勒盟	7
	西北	新疆生产建设兵团	八师	8
			二师	9
			九师	10
			六师	10
			七师	13
			三师	8
			十二师	7
			十三师	8
			十师	2
			四师	6
			五师	5
			一师	2
		甘肃省	嘉峪关市	1
			酒泉市	5
			张掖市	1
		宁夏回族自治区	石嘴山市	1
		新疆维吾尔自治区	阿克苏地区	3
			阿勒泰地区	3
			巴音郭楞蒙古自治州	6
			博尔塔拉蒙古自治州	3
			昌吉回族自治州	6
			和田地区	7
			喀什地区	7
			克拉玛依市	4
			克孜勒苏柯尔克孜自治州	1

2017 年夏季温湿度分区				
范围	大区	省	市	县（区）
G/Ⅰ/1～G/Ⅰ/11，G/Ⅱ/12～G/Ⅱ/30，G/Ⅲ/31～G/Ⅲ/35，G/Ⅳ/36～G/Ⅳ/40，G/Ⅴ/41～G/Ⅴ/45	西北	新疆维吾尔自治区	塔城地区	6
			吐鲁番市	4
			乌鲁木齐市	8
			伊犁哈萨克自治州	5
H/Ⅰ/1～H/Ⅰ/11，H/Ⅱ/12～H/Ⅱ/30，H/Ⅲ/31～H/Ⅲ/35，H/Ⅳ/36～H/Ⅳ/40，H/Ⅴ/41～H/Ⅴ/45	东北	黑龙江省	大庆市	10
			哈尔滨市	18
			鹤岗市	8
			黑河市	5
			鸡西市	9
			佳木斯市	10
			牡丹江市	10
			七台河市	4
			齐齐哈尔市	16
			双鸭山市	8
			绥化市	10
			伊春市	5
			总局直属	9
		吉林省	白城市	6
			白山市	5
			公主岭市	1
			吉林市	11
			辽源市	4
			梅河口市	1
			四平市	5
			松原市	6
			通化市	6
			延边朝鲜族自治州	5
			长春市	5
		辽宁省	鞍山市	10
			本溪市	6
			朝阳市	7
			大连市	12
			丹东市	7
			抚顺市	7
			阜新市	7

2017年夏季温湿度分区				
范围	大区	省	市	县（区）
H/Ⅰ/1～H/Ⅰ/11，H/Ⅱ/12～H/Ⅱ/30，H/Ⅲ/31～H/Ⅲ/35，H/Ⅳ/36～H/Ⅳ/40，H/Ⅴ/41～H/Ⅴ/45	东北	辽宁省	葫芦岛市	6
			锦州市	9
			辽阳市	7
			盘锦市	6
			沈阳市	13
			铁岭市	7
			营口市	6
	华北	北京市	市辖区	17
		河北省	保定市	25
			沧州市	19
			承德市	11
			邯郸市	20
			衡水市	13
			廊坊市	11
			秦皇岛市	9
			省直辖县级行政区划	2
			石家庄市	23
			唐山市	18
			邢台市	20
			张家口市	11
		河南省	安阳市	10
			鹤壁市	6
			焦作市	11
			开封市	9
			洛阳市	17
			漯河市	6
			南阳市	15
			平顶山市	12
			濮阳市	8
			三门峡市	8
			商丘市	11
			新乡市	15
			信阳市	11
			许昌市	7

2017年夏季温湿度分区				
范围	大区	省	市	县（区）
H/Ⅰ/1～H/Ⅰ/11，H/Ⅱ/12～H/Ⅱ/30，H/Ⅲ/31～H/Ⅲ/35，H/Ⅳ/36～H/Ⅳ/40，H/Ⅴ/41～H/Ⅴ/45	华北	河南省	郑州市	16
			周口市	14
			驻马店市	11
		内蒙古自治区	巴彦淖尔市	1
			包头市	7
			赤峰市	11
			鄂尔多斯市	9
			呼和浩特市	6
			呼伦贝尔市	4
			通辽市	8
			乌海市	1
			乌兰察布市	6
			兴安盟	5
		山西省	大同市	11
			晋城市	6
			晋中市	9
			临汾市	17
			吕梁市	10
			朔州市	4
			太原市	11
			忻州市	12
			阳泉市	6
			运城市	13
			长治市	14
		天津市	市辖区	16
	华东	安徽省	安庆市	11
			蚌埠市	9
			亳州市	4
			池州市	4
			滁州市	10
			阜阳市	10
			合肥市	12
			淮北市	4
			淮南市	7
			黄山市	6

2017年夏季温湿度分区				
范围	大区	省	市	县（区）
H/Ⅰ/1～H/Ⅰ/11，H/Ⅱ/12～H/Ⅱ/30，H/Ⅲ/31～H/Ⅲ/35，H/Ⅳ/36～H/Ⅳ/40，H/Ⅴ/41～H/Ⅴ/45	华东	安徽省	六安市	7
			马鞍山市	6
			铜陵市	4
			芜湖市	10
			宿州市	7
			宣城市	8
		福建省	福州市	13
			龙岩市	11
			南平市	10
			宁德市	9
			莆田市	6
			泉州市	17
			三明市	12
			厦门市	12
			漳州市	22
		江苏省	常州市	6
			淮安市	11
			连云港市	8
			南京市	11
			南通市	11
			苏州市	10
			泰州市	7
			无锡市	7
			宿迁市	6
			徐州市	11
			盐城市	11
			扬州市	7
			镇江市	8
		江西省	抚州市	11
			赣州市	19
			吉安市	15
			景德镇市	4

2017 年夏季温湿度分区

范围	大区	省	市	县（区）
H/Ⅰ/1～H/Ⅰ/11，H/Ⅱ/12～H/Ⅱ/30，H/Ⅲ/31～H/Ⅲ/35，H/Ⅳ/36～H/Ⅳ/40，H/Ⅴ/41～H/Ⅴ/45	华东	江西省	九江市	14
			南昌市	9
			萍乡市	5
			上饶市	12
			新余市	4
			宜春市	10
			鹰潭市	3
		山东省	滨州市	7
			德州市	13
			东营市	7
			菏泽市	11
			济南市	12
			济宁市	14
			莱芜市	2
			聊城市	11
			临沂市	15
			青岛市	11
			日照市	6
			泰安市	8
			威海市	8
			潍坊市	13
			烟台市	14
			枣庄市	6
			淄博市	11
		上海市	市辖区	16
		浙江省	杭州市	14
			湖州市	7
			嘉兴市	7
			金华市	9
			丽水市	9
			宁波市	10
			衢州市	7
			绍兴市	6
			台州市	9
			温州市	13
			舟山市	4

2017年夏季温湿度分区				
范围	大区	省	市	县（区）
H/Ⅰ/1～H/Ⅰ/11，H/Ⅱ/12～H/Ⅱ/30，H/Ⅲ/31～H/Ⅲ/35，H/Ⅳ/36～H/Ⅳ/40，H/Ⅴ/41～H/Ⅴ/45	华南	广东省	潮州市	6
			东莞市	72
			佛山市	10
			广州市	22
			河源市	14
			惠州市	14
			江门市	14
			揭阳市	20
			茂名市	10
			梅州市	20
			清远市	13
			汕头市	20
			汕尾市	8
			韶关市	12
			深圳市	22
			阳江市	14
			云浮市	10
			湛江市	20
			肇庆市	18
			中山市	46
			珠海市	18
		广西壮族自治区	百色市	23
			北海市	8
			崇左市	14
			防城港市	8
			贵港市	10
			桂林市	17
			河池市	17
			贺州市	6
			来宾市	11
			柳州市	17
			南宁市	24
			钦州市	8
			梧州市	13
			玉林市	14

2017 年夏季温湿度分区				
范围	大区	省	市	县（区）
H/Ⅰ/1～H/Ⅰ/11，H/Ⅱ/12～H/Ⅱ/30，H/Ⅲ/31～H/Ⅲ/35，H/Ⅳ/36～H/Ⅳ/40，H/Ⅴ/41～H/Ⅴ/45	华南	海南省	儋州市	2
			海口市	8
			三沙市	6
			三亚市	8
			省直辖县级行政区划	30
		湖北省	鄂州市	3
			恩施土家族苗族自治州	8
			黄冈市	11
			黄石市	6
			荆门市	5
			荆州市	9
			省直辖县级行政区划	4
			十堰市	8
			随州市	3
			武汉市	13
			咸宁市	6
			襄阳市	9
			孝感市	7
			宜昌市	13
		湖南省	常德市	10
			郴州市	11
			衡阳市	15
			怀化市	13
			娄底市	5
			邵阳市	12
			湘潭市	8
			湘西州	10
			益阳市	8
			永州市	14
			岳阳市	10
			张家界市	6
			长沙市	9
			株洲市	10

2017年夏季温湿度分区				
范围	大区	省	市	县（区）
H/Ⅰ/1～H/Ⅰ/11，H/Ⅱ/12～H/Ⅱ/30，H/Ⅲ/31～H/Ⅲ/35，H/Ⅳ/36～H/Ⅳ/40，H/Ⅴ/41～H/Ⅴ/45	西北	甘肃省	白银市	5
			定西市	1
			甘南藏族自治州	1
			兰州市	3
			临夏回族自治州	1
			陇南市	9
			平凉市	4
			庆阳市	8
			天水市	6
			张掖市	2
		宁夏回族自治区	省直辖县级行政区划	1
			石嘴山市	2
			吴忠市	5
			银川市	7
			中卫市	2
		青海省	黄南藏族自治州	1
		陕西省	安康市	11
			宝鸡市	12
			韩城市	1
			汉中市	11
			商洛市	7
			铜川市	5
			渭南市	12
			西安市	20
			西咸新区	5
			咸阳市	14
			延安市	13
			杨凌示范区	1
			榆林市	12
		新疆维吾尔自治区	阿克苏地区	7
			阿勒泰地区	3
			巴音郭楞蒙古自治州	3
			昌吉回族自治州	1

2017年夏季温湿度分区				
范围	大区	省	市	县（区）
H/Ⅰ/1～H/Ⅰ/11，H/Ⅱ/12～H/Ⅱ/30，H/Ⅲ/31～H/Ⅲ/35，H/Ⅳ/36～H/Ⅳ/40，H/Ⅴ/41～H/Ⅴ/45	西北	新疆维吾尔自治区	和田地区	1
			喀什地区	4
			克孜勒苏柯尔克孜自治州	1
			乌鲁木齐市	1
			伊犁哈萨克自治州	4
		新疆生产建设兵团	八师	5
			二师	6
			六师	1
			三师	3
			十师	6
			十四师	1
			四师	6
			一师	2
	西南	贵州省	安顺市	8
			毕节市	9
			贵安新区省直管新区	1
			贵阳市	14
			六盘水市	4
			黔东南苗族侗族自治州	16
			黔南布依族苗族自治州	13
			黔西南布依族苗族自治州	11
			铜仁市	12
			遵义市	15
		四川省	阿坝藏族羌族自治州	5
			巴中市	6
			成都市	22
			达州市	8
			德阳市	6
			甘孜藏族自治州	2
			广安市	6
			广元市	8

2017年夏季温湿度分区				
范围	大区	省	市	县（区）
H/Ⅰ/1～H/Ⅰ/11，H/Ⅱ/12～H/Ⅱ/30，H/Ⅲ/31～H/Ⅲ/35，H/Ⅳ/36～H/Ⅳ/40，H/Ⅴ/41～H/Ⅴ/45	西南	四川省	乐山市	10
			凉山彝族自治州	13
			泸州市	7
			眉山市	6
			绵阳市	9
			南充市	9
			内江市	7
			攀枝花市	5
			遂宁市	7
			雅安市	8
			宜宾市	10
			资阳市	3
			自贡市	7
		云南省	保山市	4
			楚雄彝族自治州	8
			大理白族自治州	10
			德宏傣族景颇族自治州	8
			红河哈尼族彝族自治州	19
			昆明市	13
			丽江市	1
			临沧市	13
			怒江傈僳族自治州	3
			普洱市	15
			曲靖市	3
			文山壮族苗族自治州	9
			西双版纳傣族自治州	5
			玉溪市	10
			昭通市	10
		重庆市	市辖区	27
			县	12

2017 年秋季温湿度分段				
范围	大区	省	市	县（区）
A/Ⅰ/1～A/Ⅰ/11，A/Ⅱ/12～A/Ⅱ/30，A/Ⅲ/31～A/Ⅲ/35，A/Ⅳ/36～A/Ⅳ/40，A/Ⅴ/41～A/Ⅴ/45	西北	西藏自治区	那曲市	1
B/Ⅰ/1～B/Ⅰ/11，B/Ⅱ/12～B/Ⅱ/30，B/Ⅲ/31～B/Ⅲ/35，B/Ⅳ/36～B/Ⅳ/40，B/Ⅴ/41～B/Ⅴ/45	东北	黑龙江省	大兴安岭地区	7
			伊春市	2
	华北	内蒙古自治区	呼伦贝尔市	10
			兴安盟	1
	西北	青海省	果洛藏族自治州	1
		新疆维吾尔自治区	乌鲁木齐市	2
C/Ⅰ/1～C/Ⅰ/11，C/Ⅱ/12～C/Ⅱ/30，C/Ⅲ/31～C/Ⅲ/35，C/Ⅳ/36～C/Ⅳ/40，C/Ⅴ/41～C/Ⅴ/45	华北	内蒙古自治区	阿拉善盟	4
			巴彦淖尔市	5
			包头市	2
			赤峰市	7
			呼和浩特市	4
			通辽市	8
			乌海市	1
			乌兰察布市	3
			锡林郭勒盟	7
			兴安盟	5
	西北	甘肃省	嘉峪关市	1
			金昌市	2
			酒泉市	7
			武威市	3
			张掖市	5
		青海省	海西蒙古族藏族自治州	7
		西藏自治区	阿里地区	7
			昌都市	2
			拉萨市	7
			那曲市	5
			日喀则市	17
			山南市	6
		新疆维吾尔自治区	哈密市	3
			喀什地区	1
			克孜勒苏柯尔克孜自治州	1

2017年秋季温湿度分段				
范围	大区	省	市	县（区）
C/Ⅰ/1～C/Ⅰ/11，C/Ⅱ/12～C/Ⅱ/30，C/Ⅲ/31～C/Ⅲ/35，C/Ⅳ/36～C/Ⅳ/40，C/Ⅴ/41～C/Ⅴ/45	西北	新疆生产建设兵团	六师	1
			三师	1
			十三师	7
D/Ⅰ/1～D/Ⅰ/11，D/Ⅱ/12～D/Ⅱ/30，D/Ⅲ/31～D/Ⅲ/35，D/Ⅳ/36～D/Ⅳ/40，D/Ⅴ/41～D/Ⅴ/45	东北	黑龙江省	大庆市	10
			哈尔滨市	18
			鹤岗市	8
			黑河市	6
			鸡西市	9
			佳木斯市	10
			牡丹江市	11
			七台河市	4
			齐齐哈尔市	16
			双鸭山市	18
			伊春市	15
			总局直属	9
		吉林省	白城市	6
			白山市	8
			公主岭市	1
			吉林市	12
			辽源市	4
			梅河口市	1
			四平市	5
			松原市	6
			通化市	6
			延边朝鲜族自治州	8
			长白山保护开发区管理委员会	3
			长春市	15
		辽宁省	鞍山市	2
			本溪市	6
			朝阳市	7
			丹东市	2
			抚顺市	7
			阜新市	7
			葫芦岛市	2

2017年秋季温湿度分段				
范围	大区	省	市	县（区）
D/Ⅰ/1～D/Ⅰ/11，D/Ⅱ/12～D/Ⅱ/30，D/Ⅲ/31～D/Ⅲ/35，D/Ⅳ/36～D/Ⅳ/40，D/Ⅴ/41～D/Ⅴ/45	东北	辽宁省	锦州市	2
			辽阳市	1
			盘锦市	1
			沈阳市	7
			铁岭市	7
	华北	北京市	市辖区	1
		河北省	保定市	1
			承德市	12
			张家口市	18
		内蒙古自治区	巴彦淖尔市	2
			包头市	8
			赤峰市	5
			鄂尔多斯市	9
			呼和浩特市	6
			呼伦贝尔市	4
			通辽市	1
			乌海市	2
			乌兰察布市	8
			锡林郭勒盟	6
		山西省	大同市	11
			晋城市	1
			晋中市	4
			临汾市	4
			吕梁市	6
			朔州市	7
			太原市	4
			忻州市	13
			长治市	1
	西北	甘肃省	白银市	3
			定西市	7
			甘南藏族自治州	7
			兰州市	9
			临夏回族自治州	8
			平凉市	4
			庆阳市	6

2017年秋季温湿度分段				
范围	大区	省	市	县（区）
D/Ⅰ/1～D/Ⅰ/11，D/Ⅱ/12～D/Ⅱ/30，D/Ⅲ/31～D/Ⅲ/35，D/Ⅳ/36～D/Ⅳ/40，D/Ⅴ/41～D/Ⅴ/45	西北	甘肃省	天水市	1
			武威市	1
			张掖市	1
		宁夏回族自治区	固原市	5
		河北省	省直辖县级行政区划	1
		宁夏回族自治区	石嘴山市	2
			吴忠市	3
			银川市	3
			中卫市	1
		青海省	果洛藏族自治州	5
			海北藏族自治州	4
			海东市	6
			海南藏族自治州	5
			海西蒙古族藏族自治州	1
			黄南藏族自治州	4
			西宁市	7
			玉树藏族自治州	6
		陕西省	宝鸡市	1
			咸阳市	2
			延安市	6
			榆林市	4
		西藏自治区	昌都市	9
			拉萨市	5
			林芝市	4
			那曲市	5
			日喀则市	1
			山南市	3
		新疆维吾尔自治区	阿克苏地区	2
			阿勒泰地区	7
			巴音郭楞蒙古自治州	4
			博尔塔拉蒙古自治州	4

2017 年秋季温湿度分段				
范围	大区	省	市	县（区）
D/Ⅰ/1～D/Ⅰ/11，D/Ⅱ/12～D/Ⅱ/30，D/Ⅲ/31～D/Ⅲ/35，D/Ⅳ/36～D/Ⅳ/40，D/Ⅴ/41～D/Ⅴ/45	西北	新疆维吾尔自治区	昌吉回族自治州	7
			克拉玛依市	1
			克孜勒苏柯尔克孜自治州	1
			塔城地区	7
			乌鲁木齐市	9
			伊犁哈萨克自治州	5
		新疆生产建设兵团	八师	12
			二师	6
			九师	11
			六师	11
			七师	11
			十二师	6
			十师	10
			四师	6
			五师	5
	西南	四川省	阿坝藏族羌族自治州	6
			甘孜藏族自治州	13
			乐山市	1
		云南省	迪庆藏族自治州	2
E/Ⅰ/1～E/Ⅰ/11，E/Ⅱ/12～E/Ⅱ/30，E/Ⅲ/31～E/Ⅲ/35，E/Ⅳ/36～E/Ⅳ/40，E/Ⅴ/41～E/Ⅴ/45	东北	辽宁省	鞍山市	1
			辽阳市	5
	西北	宁夏回族自治区	石嘴山市	1
		西藏自治区	林芝市	1
			山南市	3
		新疆维吾尔自治区	阿克苏地区	1
			巴音郭楞蒙古自治州	3
			和田地区	7
			喀什地区	4
			克拉玛依市	2
			克孜勒苏柯尔克孜自治州	1

2017年秋季温湿度分段				
范围	大区	省	市	县（区）
E/Ⅰ/1～E/Ⅰ/11，E/Ⅱ/12～E/Ⅱ/30，E/Ⅲ/31～E/Ⅲ/35，E/Ⅳ/36～E/Ⅳ/40，E/Ⅴ/41～E/Ⅴ/45	西北	新疆维吾尔自治区	吐鲁番市	4
			伊犁哈萨克自治州	1
		新疆生产建设兵团	八师	1
			二师	2
			七师	2
			三师	3
			十二师	1
			十三师	1
			四师	2
			一师	2
	西南	四川省	甘孜藏族自治州	2
F/Ⅰ/1～F/Ⅰ/11，F/Ⅱ/12～F/Ⅱ/30，F/Ⅲ/31～F/Ⅲ/35，F/Ⅳ/36～F/Ⅳ/40，F/Ⅴ/41～F/Ⅴ/45	东北	辽宁省	鞍山市	7
			大连市	12
			丹东市	5
			葫芦岛市	4
			锦州市	7
			辽阳市	1
			盘锦市	5
			沈阳市	6
			营口市	6
	华北	北京市	市辖区	16
		河北省	保定市	24
			沧州市	19
			邯郸市	20
			衡水市	13
			廊坊市	11
			秦皇岛市	9
			省直辖县级行政区划	2
			石家庄市	23
			唐山市	18
			邢台市	20
			张家口市	1

2017年秋季温湿度分段				
范围	大区	省	市	县（区）
F/Ⅰ/1～F/Ⅰ/11，F/Ⅱ/12～F/Ⅱ/30，F/Ⅲ/31～F/Ⅲ/35，F/Ⅳ/36～F/Ⅳ/40，F/Ⅴ/41～F/Ⅴ/45	华北	河南省	安阳市	10
			鹤壁市	6
			焦作市	11
			开封市	9
			洛阳市	17
			漯河市	6
			南阳市	15
			平顶山市	12
			濮阳市	8
			三门峡市	8
			商丘市	11
			省直辖县级行政区划	1
			新乡市	15
			信阳市	11
			许昌市	7
			郑州市	16
			周口市	14
			驻马店市	11
		山西省	晋城市	5
			晋中市	7
			临汾市	13
			吕梁市	7
			太原市	7
			忻州市	2
			阳泉市	6
			运城市	13
			长治市	13
		天津市	市辖区	16
	华东	安徽省	安庆市	11
			蚌埠市	9
			亳州市	4
			池州市	4
			滁州市	10
			阜阳市	10

2017年秋季温湿度分段				
范围	大区	省	市	县（区）
F/Ⅰ/1～F/Ⅰ/11，F/Ⅱ/12～F/Ⅱ/30，F/Ⅲ/31～F/Ⅲ/35，F/Ⅳ/36～F/Ⅳ/40，F/Ⅴ/41～F/Ⅴ/45	华东	安徽省	合肥市	12
			淮北市	4
			淮南市	7
			黄山市	7
			六安市	7
			马鞍山市	1
			铜陵市	4
			芜湖市	10
			宿州市	7
			宣城市	8
		福建省	福州市	2
			南平市	1
			宁德市	5
			三明市	1
		江苏省	常州市	6
			淮安市	11
			连云港市	8
			南京市	11
			南通市	11
			苏州市	10
			泰州市	7
			无锡市	7
			宿迁市	6
			徐州市	11
			盐城市	11
			扬州市	7
			镇江市	8
		江西省	抚州市	4
			吉安市	3
			景德镇市	2
			九江市	14
			南昌市	2
			萍乡市	4
			上饶市	1

2017年秋季温湿度分段				
范围	大区	省	市	县（区）
F/Ⅰ/1～F/Ⅰ/11，F/Ⅱ/12～F/Ⅱ/30，F/Ⅲ/31～F/Ⅲ/35，F/Ⅳ/36～F/Ⅳ/40，F/Ⅴ/41～F/Ⅴ/45	华东	江西省	宜春市	7
		山东省	滨州市	7
			德州市	13
			东营市	7
			菏泽市	11
			济南市	12
			济宁市	14
			莱芜市	2
			聊城市	11
			临沂市	15
			青岛市	11
			日照市	6
			泰安市	8
			威海市	8
			潍坊市	13
			烟台市	14
			枣庄市	6
			淄博市	11
		上海市	市辖区	15
		浙江省	杭州市	14
			湖州市	7
			嘉兴市	7
			金华市	6
			丽水市	4
			宁波市	8
			衢州市	6
			绍兴市	6
			台州市	2
			温州市	1
			舟山市	1
	华南	广西壮族自治区	百色市	2
			桂林市	1
			河池市	1
			来宾市	1

2017年秋季温湿度分段				
范围	大区	省	市	县（区）
F/Ⅰ/1～F/Ⅰ/11，F/Ⅱ/12～F/Ⅱ/30，F/Ⅲ/31～F/Ⅲ/35，F/Ⅳ/36～F/Ⅳ/40，F/Ⅴ/41～F/Ⅴ/45	华南	湖北省	鄂州市	3
			恩施土家族苗族自治州	8
			黄冈市	11
			黄石市	6
			荆门市	5
			荆州市	9
			省直辖县级行政区划	4
			十堰市	8
			随州市	3
			武汉市	13
			咸宁市	6
			襄阳市	9
			孝感市	7
			宜昌市	13
		湖南省	常德市	10
			郴州市	8
			衡阳市	7
			怀化市	13
			娄底市	5
			邵阳市	12
			湘潭市	8
			湘西州	10
			益阳市	8
			永州市	4
			岳阳市	10
			张家界市	2
			长沙市	9
			株洲市	9
	西北	甘肃省	白银市	2
			甘南藏族自治州	1
			陇南市	9
			平凉市	3
			庆阳市	2
			天水市	6

2017年秋季温湿度分段				
范围	大区	省	市	县（区）
F/Ⅰ/1～F/Ⅰ/11，F/Ⅱ/12～F/Ⅱ/30，F/Ⅲ/31～F/Ⅲ/35，F/Ⅳ/36～F/Ⅳ/40，F/Ⅴ/41～F/Ⅴ/45	西北	宁夏回族自治区	吴忠市	2
			银川市	4
			中卫市	2
		陕西省	安康市	11
			宝鸡市	12
			韩城市	1
			汉中市	11
			商洛市	7
			铜川市	5
			渭南市	12
			西安市	20
			西咸新区	5
			咸阳市	12
			延安市	7
			杨凌示范区	1
			榆林市	8
		西藏自治区	林芝市	2
		新疆维吾尔自治区	阿克苏地区	6
			巴音郭楞蒙古自治州	2
			和田地区	1
			喀什地区	7
			克拉玛依市	1
			克孜勒苏柯尔克孜自治州	1
		新疆生产建设兵团	二师	7
			三师	8
			十四师	1
			四师	7
			一师	2

2017年秋季温湿度分段				
范围	大区	省	市	县（区）
F/Ⅰ/1～F/Ⅰ/11，F/Ⅱ/12～F/Ⅱ/30，F/Ⅲ/31～F/Ⅲ/35，F/Ⅳ/36～F/Ⅳ/40，F/Ⅴ/41～F/Ⅴ/45	西北	新疆维吾尔自治区	伊犁哈萨克自治州	5
	西南	贵州省	安顺市	8
			毕节市	10
			贵安新区省直管新区	1
			贵阳市	14
			六盘水市	5
			黔东南苗族侗族自治州	14
			黔南布依族苗族自治州	10
			黔西南布依族苗族自治州	7
			铜仁市	12
			遵义市	15
		四川省	阿坝藏族羌族自治州	7
			巴中市	6
			成都市	22
			达州市	8
			德阳市	6
			甘孜藏族自治州	3
			广安市	6
			广元市	8
			乐山市	10
			凉山彝族自治州	17
			泸州市	6
			眉山市	6
			绵阳市	9
			南充市	9
			内江市	7
			遂宁市	7
			雅安市	8
			宜宾市	10
			资阳市	3
			自贡市	7

2017年秋季温湿度分段				
范围	大区	省	市	县（区）
F/Ⅰ/1～F/Ⅰ/11，F/Ⅱ/12～F/Ⅱ/30，F/Ⅲ/31～F/Ⅲ/35，F/Ⅳ/36～F/Ⅳ/40，F/Ⅴ/41～F/Ⅴ/45	西南	云南省	保山市	5
			楚雄彝族自治州	9
			大理白族自治州	10
			德宏傣族景颇族自治州	1
			迪庆藏族自治州	1
			红河哈尼族彝族自治州	10
			昆明市	12
			丽江市	4
			临沧市	3
			怒江傈僳族自治州	4
			普洱市	2
			曲靖市	9
			文山壮族苗族自治州	7
			西双版纳傣族自治州	1
			玉溪市	8
			昭通市	10
		重庆市	市辖区	27
F/Ⅰ/1～F/Ⅰ/11	西南	重庆市	县	12
F/Ⅰ/1～F/Ⅰ/11，F/Ⅱ/12～F/Ⅱ/30，F/Ⅲ/31～F/Ⅲ/35，F/Ⅳ/36～F/Ⅳ/40，F/Ⅴ/41～F/Ⅴ/45	华东	福建省	福州市	11
			龙岩市	7
			南平市	9
			宁德市	4
			莆田市	5
			泉州市	11
			三明市	11
			厦门市	6
			漳州市	11
		江西省	抚州市	7
			赣州市	18
			吉安市	12
			景德镇市	2

2017年秋季温湿度分段				
范围	大区	省	市	县（区）
F/Ⅰ/1～F/Ⅰ/11，F/Ⅱ/12～F/Ⅱ/30，F/Ⅲ/31～F/Ⅲ/35，F/Ⅳ/36～F/Ⅳ/40，F/Ⅴ/41～F/Ⅴ/45	华东	江西省	南昌市	7
			萍乡市	1
			上饶市	11
			新余市	4
			宜春市	3
			鹰潭市	3
		上海市	市辖区	1
		浙江省	金华市	3
			丽水市	5
			宁波市	2
			衢州市	1
			台州市	7
			温州市	12
			舟山市	3
	华南	广东省	潮州市	3
			东莞市	36
			佛山市	5
			广州市	11
			河源市	7
			惠州市	7
			江门市	7
			揭阳市	10
			茂名市	5
			梅州市	10
			清远市	8
			汕头市	10
			汕尾市	4

2017年秋季温湿度分段				
范围	大区	省	市	县（区）
F/Ⅰ/1～F/Ⅰ/11，F/Ⅱ/12～F/Ⅱ/30，F/Ⅲ/31～F/Ⅲ/35，F/Ⅳ/36～F/Ⅳ/40，F/Ⅴ/41～F/Ⅴ/45	华南	广东省	韶关市	10
			深圳市	11
			阳江市	7
			云浮市	5
			湛江市	10
			肇庆市	9
			中山市	25
			珠海市	9
		广西壮族自治区	百色市	10
			北海市	4
			崇左市	7
			防城港市	4
			贵港市	5
			桂林市	16
			河池市	10
			贺州市	5
			来宾市	5
			柳州市	10
			南宁市	12
			钦州市	4
			梧州市	7
			玉林市	7
		海南省	儋州市	1
			海口市	4
			三沙市	3
			三亚市	4
	华北	河北省	省直辖县级行政区划	15

2017 年秋季温湿度分段				
范围	大区	省	市	县（区）
F/Ⅰ/1～F/Ⅰ/11，F/Ⅱ/12～F/Ⅱ/30，F/Ⅲ/31～F/Ⅲ/35，F/Ⅳ/36～F/Ⅳ/40，F/Ⅴ/41～F/Ⅴ/45	华南	湖南省	郴州市	3
			衡阳市	8
			永州市	10
			张家界市	2
H/Ⅰ/1～H/Ⅰ/11，H/Ⅱ/12～H/Ⅱ/30，H/Ⅲ/31～H/Ⅲ/35，H/Ⅳ/36～H/Ⅳ/40，H/Ⅴ/41～H/Ⅴ/45	华南	湖南省	株洲市	1
		贵州省	黔东南苗族侗族自治州	2
			黔南布依族苗族自治州	2
			黔西南布依族苗族自治州	2
		四川省	泸州市	1
			攀枝花市	5
		云南省	楚雄彝族自治州	1
			大理白族自治州	2
			德宏傣族景颇族自治州	4
			红河哈尼族彝族自治州	3
			昆明市	2
			丽江市	1
			临沧市	5
			普洱市	8
			文山壮族苗族自治州	1
			西双版纳傣族自治州	2
			玉溪市	1
			昭通市	1

2017年冬季温湿度分段				
范围	大区	省	市	县（区）
A/Ⅰ/1～A/Ⅰ/11，A/Ⅱ/12～A/Ⅱ/30，A/Ⅲ/31～A/Ⅲ/35，A/Ⅳ/36～A/Ⅳ/40，A/Ⅴ/41～A/Ⅴ/45	东北	吉林省	长春市	2
		辽宁省	鞍山市	1
			本溪市	1
			朝阳市	7
			阜新市	7
			葫芦岛市	2
			锦州市	5
			辽阳市	5
	华北	北京市	市辖区	11
		河北省	保定市	4
			承德市	8
			廊坊市	7
			秦皇岛市	1
			唐山市	2
			张家口市	12
		内蒙古自治区	阿拉善盟	4
			巴彦淖尔市	6
			包头市	4
			赤峰市	11
			鄂尔多斯市	9
			呼和浩特市	7
			通辽市	8
			乌海市	3
			乌兰察布市	5
			兴安盟	3
		山西省	大同市	10
			晋城市	1
			晋中市	6
			临汾市	4
			吕梁市	6
			朔州市	6
			太原市	8
			忻州市	13
			阳泉市	6
			长治市	9
		天津市	市辖区	3

2017年冬季温湿度分段				
范围	大区	省	市	县（区）
A/Ⅰ/1～A/Ⅰ/11，A/Ⅱ/12～A/Ⅱ/30，A/Ⅲ/31～A/Ⅲ/35，A/Ⅳ/36～A/Ⅳ/40，A/Ⅴ/41～A/Ⅴ/45	西北	甘肃省	白银市	2
			定西市	1
			甘南藏族自治州	5
			嘉峪关市	1
			金昌市	2
			酒泉市	5
			兰州市	6
			临夏回族自治州	2
			平凉市	1
			庆阳市	3
			武威市	4
			张掖市	6
		宁夏回族自治区	固原市	1
			省直辖县级行政区划	1
			石嘴山市	1
			吴忠市	5
			银川市	5
			中卫市	3
		青海省	果洛藏族自治州	3
			海北藏族自治州	3
			海东市	5
			海南藏族自治州	5
			海西蒙古族藏族自治州	8
			黄南藏族自治州	3
			西宁市	7
			玉树藏族自治州	6
		陕西省	铜川市	5
			延安市	3
			榆林市	6
		西藏自治区	阿里地区	7
			昌都市	11
			拉萨市	10
			林芝市	1
			那曲市	11
			日喀则市	15

<table>
<tr><th colspan="5">2017 年冬季温湿度分段</th></tr>
<tr><th>范围</th><th>大区</th><th>省</th><th>市</th><th>县（区）</th></tr>
<tr><td rowspan="7">A/Ⅰ/1～A/Ⅰ/11，A/Ⅱ/12～A/Ⅱ/30，A/Ⅲ/31～A/Ⅲ/35，A/Ⅳ/36～A/Ⅳ/40，A/Ⅴ/41～A/Ⅴ/45</td><td rowspan="4">西北</td><td>西藏自治区</td><td>山南市</td><td>3</td></tr>
<tr><td rowspan="2">新疆维吾尔自治区</td><td>哈密市</td><td>2</td></tr>
<tr><td>乌鲁木齐市</td><td>2</td></tr>
<tr><td>新疆生产建设兵团</td><td>十二师</td><td>1</td></tr>
<tr><td rowspan="3">西南</td><td rowspan="2">四川省</td><td>阿坝藏族羌族自治州</td><td>1</td></tr>
<tr><td>甘孜藏族自治州</td><td>6</td></tr>
<tr><td>云南省</td><td>迪庆藏族自治州</td><td>1</td></tr>
<tr><td rowspan="27">B/Ⅰ/1～B/Ⅰ/11，B/Ⅱ/12～B/Ⅱ/30，B/Ⅲ/31～B/Ⅲ/35，B/Ⅳ/36～B/Ⅳ/40，B/Ⅴ/41～B/Ⅴ/45</td><td rowspan="27">东北</td><td rowspan="14">黑龙江省</td><td>大庆市</td><td>10</td></tr>
<tr><td>大兴安岭地区</td><td>7</td></tr>
<tr><td>哈尔滨市</td><td>18</td></tr>
<tr><td>鹤岗市</td><td>8</td></tr>
<tr><td>黑河市</td><td>6</td></tr>
<tr><td>鸡西市</td><td>9</td></tr>
<tr><td>佳木斯市</td><td>10</td></tr>
<tr><td>牡丹江市</td><td>11</td></tr>
<tr><td>七台河市</td><td>4</td></tr>
<tr><td>齐齐哈尔市</td><td>16</td></tr>
<tr><td>双鸭山市</td><td>8</td></tr>
<tr><td>绥化市</td><td>10</td></tr>
<tr><td>伊春市</td><td>17</td></tr>
<tr><td>总局直属</td><td>9</td></tr>
<tr><td rowspan="13">吉林省</td><td>白城市</td><td>6</td></tr>
<tr><td>白山市</td><td>8</td></tr>
<tr><td>公主岭市</td><td>1</td></tr>
<tr><td>吉林市</td><td>12</td></tr>
<tr><td>辽源市</td><td>4</td></tr>
<tr><td>梅河口市</td><td>1</td></tr>
<tr><td>四平市</td><td>5</td></tr>
<tr><td>松原市</td><td>6</td></tr>
<tr><td>通化市</td><td>6</td></tr>
<tr><td>延边朝鲜族自治州</td><td>8</td></tr>
<tr><td>长白山保护开发区管理委员会</td><td>3</td></tr>
<tr><td>长春市</td><td>13</td></tr>
</table>

2017年冬季温湿度分段				
范围	大区	省	市	县（区）
B/Ⅰ/1～B/Ⅰ/11，B/Ⅱ/12～B/Ⅱ/30，B/Ⅲ/31～B/Ⅲ/35，B/Ⅳ/36～B/Ⅳ/40，B/Ⅴ/41～B/Ⅴ/45	东北	辽宁省	鞍山市	9
			本溪市	5
			大连市	12
			丹东市	7
			抚顺市	7
			葫芦岛市	4
			锦州市	4
			辽阳市	2
			盘锦市	6
			沈阳市	13
			铁岭市	7
			营口市	6
	华北	河北省	保定市	14
			沧州市	11
			承德市	4
			衡水市	3
			廊坊市	4
			秦皇岛市	8
			石家庄市	3
			唐山市	15
			邢台市	3
			张家口市	7
		内蒙古自治区	巴彦淖尔市	1
			包头市	6
			赤峰市	1
			呼和浩特市	3
			呼伦贝尔市	14
			通辽市	1
			乌兰察布市	6
			锡林郭勒盟	13
			兴安盟	3

2017年冬季温湿度分段				
范围	大区	省	市	县（区）
B/Ⅰ/1～B/Ⅰ/11，B/Ⅱ/12～B/Ⅱ/30，B/Ⅲ/31～B/Ⅲ/35，B/Ⅳ/36～B/Ⅳ/40，B/Ⅴ/41～B/Ⅴ/45	华北	山西省	大同市	1
			晋城市	2
			晋中市	4
			临汾市	6
			吕梁市	7
			朔州市	1
			太原市	3
			忻州市	2
			长治市	5
		天津市	市辖区	7
	华东	山东省	德州市	2
			青岛市	1
			威海市	1
			烟台市	2
	西北	甘肃省	白银市	3
			定西市	6
			甘南藏族自治州	2
			酒泉市	2
			兰州市	3
			临夏回族自治州	6
			陇南市	1
			平凉市	6
			庆阳市	5
			天水市	3
		宁夏回族自治区	固原市	4
			石嘴山市	2
			银川市	2
		青海省	果洛藏族自治州	4
			海东市	1
			黄南藏族自治州	1
		陕西省	宝鸡市	2
			咸阳市	3
			延安市	10
			榆林市	6

2017年冬季温湿度分段				
范围	大区	省	市	县（区）
B/Ⅰ/1～B/Ⅰ/11，B/Ⅱ/12～B/Ⅱ/30，B/Ⅲ/31～B/Ⅲ/35，B/Ⅳ/36～B/Ⅳ/40，B/Ⅴ/41～B/Ⅴ/45	西北	西藏自治区	山南市	1
		新疆维吾尔自治区	阿克苏地区	10
			阿勒泰地区	7
			巴音郭楞蒙古自治州	9
			博尔塔拉蒙古自治州	4
			昌吉回族自治州	7
			哈密市	1
			和田地区	8
			喀什地区	12
			克拉玛依市	4
			克孜勒苏柯尔克孜自治州	4
			塔城地区	7
			吐鲁番市	4
			乌鲁木齐市	9
			伊犁哈萨克自治州	11
		新疆生产建设兵团	八师	13
			二师	15
			九师	11
			六师	12
			七师	13
			三师	12
			十二师	6
			十三师	8
			十师	10
			十四师	1
			四师	15
			五师	5
			一师	3
	西南	四川省	阿坝藏族羌族自治州	4
			乐山市	1

2017 年冬季温湿度分段				
范围	大区	省	市	县（区）
C/Ⅰ/1～C/Ⅰ/11，C/Ⅱ/12～C/Ⅱ/30，C/Ⅲ/31～C/Ⅲ/35，C/Ⅳ/36～C/Ⅳ/40，C/Ⅴ/41～C/Ⅴ/45	华北	北京市	市辖区	6
		河北省	保定市	6
			邯郸市	2
			省直辖县级行政区划	1
			石家庄市	11
			邢台市	4
		河南省	安阳市	1
			焦作市	1
			洛阳市	10
			三门峡市	4
			郑州市	1
		山西省	晋城市	3
			晋中市	1
			临汾市	4
			运城市	7
		天津市	市辖区	4
	西北	甘肃省	陇南市	1
		陕西省	韩城市	1
			渭南市	4
		西藏自治区	拉萨市	2
			林芝市	1
			日喀则市	3
			山南市	8
	西南	四川省	阿坝藏族羌族自治州	2
			甘孜藏族自治州	10
			凉山彝族自治州	2
D/Ⅰ/1～D/Ⅰ/11，D/Ⅱ/12～D/Ⅱ/30，D/Ⅲ/31～D/Ⅲ/35，D/Ⅳ/36～D/Ⅳ/40，D/Ⅴ/41～D/Ⅴ/45	华北	河北省	保定市	1
			沧州市	8
			邯郸市	18
			衡水市	10
			省直辖县级行政区划	1
			石家庄市	9
			唐山市	1
			邢台市	13

2017年冬季温湿度分段				
范围	大区	省	市	县（区）
D/Ⅰ/1～D/Ⅰ/11，D/Ⅱ/12～D/Ⅱ/30，D/Ⅲ/31～D/Ⅲ/35，D/Ⅳ/36～D/Ⅳ/40，D/Ⅴ/41～D/Ⅴ/45	华北	河南省	安阳市	9
			鹤壁市	6
			焦作市	10
			开封市	9
			洛阳市	7
			漯河市	6
			南阳市	15
			平顶山市	12
			濮阳市	8
			三门峡市	4
			商丘市	11
			省直辖县级行政区划	1
			新乡市	15
			信阳市	11
			许昌市	7
			郑州市	15
			周口市	14
			驻马店市	11
		山西省	临汾市	3
			运城市	6
		天津市	市辖区	2
	华东	安徽省	安庆市	11
			蚌埠市	9
			亳州市	4
			池州市	4
			滁州市	10
			阜阳市	10
			合肥市	12
			淮北市	4
			淮南市	7
			黄山市	7
			六安市	7
			马鞍山市	6
			铜陵市	4
			芜湖市	10
			宿州市	7
			宣城市	8

2017年冬季温湿度分段				
范围	大区	省	市	县（区）
D/Ⅰ/1～D/Ⅰ/11，D/Ⅱ/12～D/Ⅱ/30，D/Ⅲ/31～D/Ⅲ/35，D/Ⅳ/36～D/Ⅳ/40，D/Ⅴ/41～D/Ⅴ/45	华东	福建省	福州市	2
			南平市	2
			宁德市	5
			三明市	2
		江苏省	常州市	6
			淮安市	11
			连云港市	8
			南京市	11
			南通市	11
			苏州市	10
			泰州市	7
			无锡市	7
			宿迁市	6
			徐州市	11
			盐城市	11
			扬州市	7
			镇江市	8
		江西省	抚州市	11
			赣州市	1
			吉安市	13
			景德镇市	4
			九江市	14
			南昌市	9
			萍乡市	5
			上饶市	12
			新余市	4
			宜春市	10
			鹰潭市	3
		山东省	滨州市	7
			德州市	11
			东营市	7
			菏泽市	11
			济南市	12
			济宁市	14
			莱芜市	2

2017年冬季温湿度分段				
范围	大区	省	市	县（区）
D/Ⅰ/1～D/Ⅰ/11，D/Ⅱ/12～D/Ⅱ/30，D/Ⅲ/31～D/Ⅲ/35，D/Ⅳ/36～D/Ⅳ/40，D/Ⅴ/41～D/Ⅴ/45	华东	山东省	聊城市	11
			临沂市	15
			青岛市	10
			日照市	6
			泰安市	8
			威海市	7
			潍坊市	13
			烟台市	12
			枣庄市	6
			淄博市	11
		上海市	市辖区	15
		浙江省	杭州市	14
			湖州市	7
			嘉兴市	7
			金华市	9
			丽水市	7
			宁波市	10
			衢州市	7
			绍兴市	6
			台州市	9
			温州市	3
			舟山市	4
	华南	广西壮族自治区	桂林市	5
			河池市	1
		湖北省	鄂州市	3
			恩施土家族苗族自治州	8
			黄冈市	11
			黄石市	6
			荆门市	5
			荆州市	9
			省直辖县级行政区划	4
			十堰市	8
			随州市	3
			武汉市	13

2017年冬季温湿度分段				
范围	大区	省	市	县（区）
D/Ⅰ/1～D/Ⅰ/11，D/Ⅱ/12～D/Ⅱ/30，D/Ⅲ/31～D/Ⅲ/35，D/Ⅳ/36～D/Ⅳ/40，D/Ⅴ/41～D/Ⅴ/45	华南	湖北省	咸宁市	6
			襄阳市	9
			孝感市	7
			宜昌市	13
		湖南省	常德市	10
			郴州市	10
			衡阳市	15
			怀化市	13
			娄底市	5
			邵阳市	12
			湘潭市	8
			湘西州	10
			益阳市	8
			永州市	9
			岳阳市	10
			张家界市	2
			长沙市	9
			株洲市	10
	西北	甘肃省	甘南藏族自治州	1
			陇南市	7
			天水市	4
		陕西省	安康市	11
			宝鸡市	11
			汉中市	11
			商洛市	7
			渭南市	8
			西安市	20
			西咸新区	5
			咸阳市	11
			杨凌示范区	1
		西藏自治区	林芝市	5
		新疆生产建设兵团	一师	1

2017年冬季温湿度分段				
范围	大区	省	市	县（区）
D/Ⅰ/1～D/Ⅰ/11，D/Ⅱ/12～D/Ⅱ/30，D/Ⅲ/31～D/Ⅲ/35，D/Ⅳ/36～D/Ⅳ/40，D/Ⅴ/41～D/Ⅴ/45	西南	贵州省	安顺市	8
			毕节市	10
			贵安新区省直管新区	1
			贵阳市	14
			六盘水市	5
			黔东南苗族侗族自治州	14
			黔南布依族苗族自治州	9
			黔西南布依族苗族自治州	7
			铜仁市	12
			遵义市	14
		四川省	阿坝藏族羌族自治州	6
			巴中市	6
			成都市	22
			达州市	8
			德阳市	6
			甘孜藏族自治州	2
			广安市	14
			乐山市	10
			凉山彝族自治州	10
			泸州市	5
			眉山市	6
			绵阳市	9
			南充市	9
			内江市	7
			遂宁市	7
			雅安市	7
			宜宾市	5
			资阳市	3
			自贡市	7

2017年冬季温湿度分段				
范围	大区	省	市	县（区）
D/Ⅰ/1～D/Ⅰ/11，D/Ⅱ/12～D/Ⅱ/30，D/Ⅲ/31～D/Ⅲ/35，D/Ⅳ/36～D/Ⅳ/40，D/Ⅴ/41～D/Ⅴ/45	西南	云南省	楚雄彝族自治州	1
			大理白族自治州	4
			迪庆藏族自治州	2
			红河哈尼族彝族自治州	1
			昆明市	2
			丽江市	4
			怒江傈僳族自治州	3
			曲靖市	9
			昭通市	7
		重庆市	市辖区	24
			县	11
E/Ⅰ/1～E/Ⅰ/11，E/Ⅱ/12～E/Ⅱ/30，E/Ⅲ/31～E/Ⅲ/35，E/Ⅳ/36～E/Ⅳ/40，E/Ⅴ/41～E/Ⅴ/45	西南	四川省	凉山彝族自治州	1
		云南省	昆明市	1
			昭通市	1
F/Ⅰ/1～F/Ⅰ/11，F/Ⅱ/12～F/Ⅱ/30，F/Ⅲ/31～F/Ⅲ/35，F/Ⅳ/36～F/Ⅳ/40，F/Ⅴ/41～F/Ⅴ/45	华东	福建省	福州市	11
			龙岩市	7
			南平市	8
			宁德市	4
			莆田市	5
			泉州市	11
			三明市	10
			厦门市	6
			漳州市	11
		江西省	赣州市	17
			吉安市	2
		上海市	市辖区	1
		浙江省	丽水市	2
			温州市	10
	华南	广东省	潮州市	3
			东莞市	36

2017年冬季温湿度分段				
范围	大区	省	市	县（区）
F/Ⅰ/1～F/Ⅰ/11，F/Ⅱ/12～F/Ⅱ/30，F/Ⅲ/31～F/Ⅲ/35，F/Ⅳ/36～F/Ⅳ/40，F/Ⅴ/41～F/Ⅴ/45	华南	广东省	佛山市	5
			广州市	11
			河源市	7
			惠州市	7
			江门市	7
			揭阳市	10
			茂名市	5
			梅州市	10
			清远市	8
			汕头市	10
			汕尾市	4
			韶关市	10
			深圳市	11
			阳江市	7
			云浮市	5
			湛江市	10
			肇庆市	9
			中山市	25
			珠海市	9
		广西壮族自治区	百色市	12
			北海市	4
			崇左市	7
			防城港市	4
			贵港市	5
			桂林市	12
			河池市	10
			贺州市	5
			来宾市	6
			柳州市	10
			南宁市	12
			钦州市	4
			梧州市	7
			玉林市	7
		海南省	儋州市	1
			海口市	4
			省直辖县级行政区划	8

2017年冬季温湿度分段				
范围	大区	省	市	县（区）
F/Ⅰ/1～F/Ⅰ/11，F/Ⅱ/12～F/Ⅱ/30，F/Ⅲ/31～F/Ⅲ/35，F/Ⅳ/36～F/Ⅳ/40，F/Ⅴ/41～F/Ⅴ/45	华南	湖南省	郴州市	1
			永州市	5
			张家界市	2
	西南	贵州省	黔东南苗族侗族自治州	2
			黔南布依族苗族自治州	3
			黔西南布依族苗族自治州	2
			遵义市	1
		四川省	凉山彝族自治州	4
			泸州市	2
			攀枝花市	5
			雅安市	1
			宜宾市	5
		云南省	保山市	5
			楚雄彝族自治州	9
			大理白族自治州	8
			德宏傣族景颇族自治州	5
			红河哈尼族彝族自治州	12
			昆明市	11
			丽江市	1
			临沧市	8
			怒江傈僳族自治州	1
			普洱市	10
			文山壮族苗族自治州	8
			西双版纳傣族自治州	3
			玉溪市	9
			昭通市	3
		重庆市	市辖区	3
			县	1
H/Ⅰ/1～H/Ⅰ/11，H/Ⅱ/12～H/Ⅱ/30，H/Ⅲ/31～H/Ⅲ/35，H/Ⅳ/36～H/Ⅳ/40，H/Ⅴ/41～H/Ⅴ/45	华南	海南省	三沙市	3
			三亚市	4
			省直辖县级行政区划	7

3.2.2.2 全国县（区）标准模型匹配过程与示例

根据全国县（区）2017年四季平均温湿度结果，将各县（区）分季节纳入全国四季温湿度各区段，在不同季节匹配相应温湿度段氨排放响应关系标准模型。

【示例】以××省××市××县为例，示例标准模型匹配过程。

（1）查表获得，2017年××县四季温湿度分布范围。

（2）根据××县各个季节的温湿度范围，分别纳入相应的8个温湿度段，见表3.9。

（3）根据××县各个季节的温湿度纳入的温湿度段，匹配标准模型，以规模化干清粪开放式生猪圈舍为例，结果见表3.9。

表3.9 ××县各个季节畜禽养殖氨排放标准模型

季节	温湿度范围		对应划分的温湿度段	匹配的标准模型（以规模化干清粪开放式生猪圈舍为例）
春季（3—5月，92天）	温度/℃	10～20	F（$10<x_1\leq 20$，$x_2>50$）	$Y=a_1x_1-b_1x_2+c_1$
	湿度/%	60～70		
夏季（6—8月，92天）	温度/℃	20～40	H（$x_1>20$，$x_2>50$）	$Y=a_2x_1-b_2x_2+c_2$
	湿度/%	70～80		
秋季（9—11月，91天）	温度/℃	10～20	F（$10<x_1\leq 20$，$x_2>50$）	$Y=a_3x_1-b_3x_2+c_3$
	湿度/%	60～80		
冬季（12月、1月、2月，90天）	温度/℃	0～10	D（$0<x_1\leq 10$，$x_2>50$）	$Y=a_4x_1-b_4x_2+c_4$
	湿度/%	50～70		

注：Y为氨排放通量，mg/（h·头）；x_1为温度，℃；x_2为湿度，%；a、b、c为常数。

3.3 全国县（区）系数率定

完成全国各县（区）不同季节对应温湿度段氨排放响应关系标准模型匹配后，分别核算该区域四季不同养殖模式及养殖户单位牲畜氨排放量，核算年度排放量，开展不同畜禽养殖周期（存出栏周期与年排放关系）率定后，完成该区域规模化不同养殖模式及养殖户氨排放系数率定，形成“二污普”县（区）级畜禽养殖氨排放系数手册。

3.3.1　规模化养殖场

3.3.1.1　圈舍

$$\mathrm{EF}_{规模化圈舍}=(E_{规春圈}+E_{规夏圈}+E_{规秋圈}+E_{规冬圈})\times\frac{T}{365} \tag{3.2}$$

式中，$\mathrm{EF}_{规模化圈舍}$——全国某县（区）规模化圈舍全年标准系数，生猪：kg/头、奶牛：kg/（头·年）、肉牛：kg/头、蛋鸡：kg/（羽·年）、肉鸡：kg/羽；

$E_{规春圈}$——全国某县（区）规模化圈舍温湿度标准响应模型单个畜禽春季（2017 年 3—5 月）氨排放量计算结果，kg/［头（羽）·（92 天）］；

$E_{规夏圈}$——全国某县（区）规模化圈舍温湿度标准响应模型单个畜禽夏季（2017 年 6—8 月）氨排放量计算结果，kg/［头（羽）·（92 天）］；

$E_{规秋圈}$——全国某县（区）规模化圈舍温湿度标准响应模型单个畜禽秋季（2017 年 9—11 月）氨排放量计算结果，kg/［头（羽）·（91 天）］；

$E_{规冬圈}$——全国某县（区）规模化圈舍温湿度标准响应模型单个畜禽冬季（2017 年 1—2 月、12 月）氨排放量计算结果，kg/［头（羽）·（90 天）］；

T——畜禽养殖周期：生猪 152 天、奶牛 365 天、肉牛 660 天、蛋鸡 365 天、肉鸡 48 天。

【计算示例】

①获取 E：以春季某县（区）规模化生猪圈舍为例，首先将获取的该区县春季的平均温度（$m_{猪}$）和湿度（$n_{猪}$）代入对应的春季标准模型［$Y_{圈舍}=a_1x_1-b_1x_2+c_1$，其中，$Y_{圈舍}$为氨排放通量，mg/（h·头）；x_1为温度，℃；x_2为湿度，%；a_1、b_1、c_1为常数］，注意进行单位换算，获取春季圈舍氨排放系数{$E_{规春圈}$，kg/[头(羽)·(92 天)]}，见表 3.10。

表 3.10　某县（区）春季规模化生猪圈舍氨排放通量

季节	平均温湿度		对应划分的温湿度段	$E_{规春圈}$｛规模化圈舍氨排放通量，kg/［头（羽）·（92 天）］｝
春季（3—5 月，92 天）	温度/℃	$m_{猪}$	F（$10<m\leq20$，$n>50$）	$(a_1m_{猪}-b_1n_{猪}+c_1)\times24\times92/1\,000$
	湿度/%	$n_{猪}$		

②获取 EF：以上述猪场为例，生猪生长周期为 152 天，故该县（区）规模化生猪圈舍全年标准系数 EF 为

$$EF_{生猪规模化圈舍}（kg/头）=（E_{规春圈}+E_{规夏圈}+E_{规秋圈}+E_{规冬圈}）\times\frac{152}{365}$$

3.3.1.2 液态（固态）粪污处理设施

$$EF_{规模化粪污}=（E_{规春粪}+E_{规夏粪}+E_{规秋粪}+E_{规冬粪}）\times\frac{T}{365} \quad (3.3)$$

式中，$EF_{规模化粪污}$——全国某县（区）规模化液态（固态）粪污处理设施全年标准系数，生猪：kg/头、奶牛：kg/（头·年）、肉牛：kg/头、蛋鸡：kg/（羽·年）、肉鸡：kg/羽；

$E_{规春粪}$——全国某县（区）规模化液态（固态）粪污处理设施温湿度标准响应模型单个畜禽春季（2017 年 3—5 月）氨排放量计算结果，kg/［头（羽）·（92 天）］；

$E_{规夏粪}$——全国某县（区）规模化液态（固态）粪污处理设施温湿度标准响应模型单个畜禽夏季（2017 年 6—8 月）氨排放量计算结果，kg/［头（羽）·（92 天）］；

$E_{规秋粪}$——全国某县（区）规模化液态（固态）粪污处理设施温湿度标准响应模型单个畜禽秋季（2017 年 9—11 月）氨排放量计算结果，kg/［头（羽）·（91 天）］；

$E_{规冬粪}$——全国某县（区）规模化液态（固态）粪污处理设施温湿度标准响应模型单个畜禽冬季（2017 年 1—2 月、12 月）氨排放量计算结果，kg/［头（羽）·（90 天）］；

T——畜禽养殖周期：生猪 152 天、奶牛 365 天、肉牛 660 天、蛋鸡 365 天、肉鸡 48 天。

【计算示例】

①获取 E：以春季某县（区）规模化奶牛液态粪污处理设施为例，首先将获取的该区县春季的平均温度（$m_{奶牛}$）和湿度（$n_{奶牛}$）代入对应的春季标准模型［$Y_{液态处理设施}=a_1x_1-b_1x_2+c_1$，其中，$Y_{液态粪污处理设施}$为氨排放通量，mg/（h·头）；$x_1$ 为温度，℃；x_2 为湿度，%；a_1、b_1、c_1 为常数］，注意进行单位换算，获取春

季液态粪污处理设施氨排放系数 {$E_{规春粪}$，kg/［头（羽）·（92 天）]}，见表 3.11。

表 3.11 某县（区）春季规模化奶牛液态粪污氨排放通量

季节	平均温湿度		对应划分的温湿度段	$E_{规春粪}$ {规模化粪污氨排放通量，kg/［头（羽）·（92 天）]}
春季（3—5 月，92 天）	温度/℃	$m_{奶牛}$	F（$10<m\leqslant 20$，$n>50$）	$(a_1 m_{奶牛}-b_1 n_{奶牛}+c_1)\times 24\times 92/1\,000$
	湿度/%	$n_{奶牛}$		

②获取 EF：以上述奶牛液态粪污为例，奶牛生长周期为 365 天，故该县（区）规模化奶牛粪污全年标准系数为

$$EF_{奶牛规模化粪污}\,[kg/(头·年)] = (E_{规春粪}+E_{规夏粪}+E_{规秋粪}+E_{规冬粪})\times\frac{365}{365}$$

3.3.2 养殖户

$$EF_{养殖户}=[(E_{养春圈}+E_{养夏圈}+E_{养秋圈}+E_{养冬圈})+(E_{养春粪}+E_{养夏粪}+E_{养秋粪}+E_{养冬粪})]\times\frac{T}{365} \quad (3.4)$$

式中，$EF_{养殖户}$——全国某县（区）养殖户圈舍+粪污处理设施全年标准系数，生猪：kg/头、奶牛：kg/（头·年）、肉牛：kg/头、蛋鸡：kg/（羽·年）、肉鸡：kg/羽；

$E_{养春圈}$——全国某县（区）养殖户圈舍温湿度标准响应模型单个畜禽春季（2017 年 3—5 月）氨排放量计算结果，kg/［头（羽）·（92 天）]；

$E_{养夏圈}$——全国某县（区）养殖户圈舍温湿度标准响应模型单个畜禽夏季（2017 年 6—8 月）氨排放量计算结果，kg/［头（羽）·（92 天）]；

$E_{养秋圈}$——全国某县（区）养殖户圈舍温湿度标准响应模型单个畜禽秋季（2017 年 9—11 月）氨排放量计算结果，kg/［头（羽）·（91 天）]；

$E_{养冬圈}$——全国某县（区）养殖户圈舍温湿度标准响应模型单个畜禽冬季（2017 年 1—2 月、12 月）氨排放量计算结果，kg/［头（羽）·（90 天）]；

$E_{养春粪}$——全国某县（区）养殖户粪污处理设施温湿度标准响应模型单个畜禽春季（2017 年 3—5 月）氨排放量计算结果，kg/［头（羽）·（92 天）］；

$E_{养夏粪}$——全国某县（区）养殖户粪污处理设施温湿度标准响应模型单个畜禽夏季（2017 年 6—8 月）氨排放量计算结果，kg/［头（羽）·（92 天）］；

$E_{养秋粪}$——全国某县（区）养殖户粪污处理设施温湿度标准响应模型单个畜禽秋季（2017 年 9—11 月）氨排放量计算结果，kg/［头（羽）·（91 天）］；

$E_{养冬粪}$——全国某县（区）养殖户粪污处理设施温湿度标准响应模型单个畜禽冬季（2017 年 1—2 月、12 月）氨排放量计算结果，kg/［头（羽）·（90 天）］；

T——畜禽养殖周期：生猪 152 天、奶牛 365 天、肉牛 660 天、蛋鸡 365 天、肉鸡 48 天。

具体计算示例参照 3.3.1 节。

第 4 章

畜禽养殖氨排放量核算

本章在系统梳理畜禽养殖氨排放核算研究进展及应用情况的基础上，围绕“二污普”畜禽养殖气、水协同普查目标，基于本土化系数实地监测，依据《第二次全国污染源普查制度》（国统制〔2018〕103 号）规模养殖场入户调查、县（区）养殖户政府统一填报的设计特点，构建了单个规模养殖场氨排放量及县（区）养殖户氨排放量核算方法，其中单个规模养殖场主要从圈舍、液态粪污、固态粪污 3 个场内养殖过程对应统一的养殖量和分段氨排放系数分段核算汇总，县（区）养殖户则对应统一的养殖量对应单一氨排放系数核算，分别适用于养殖企业、县（区）级政府核算使用，建立了与畜禽养殖水污染物普查框架下的普查报表相适应的畜禽氨排放核算体系。

4.1 畜禽养殖氨排放核算研究进展

4.1.1 核算方法研究进展

4.1.1.1 整体核算法

畜禽养殖的第一个氨排放量核算方法（整体核算法，图 4.1）是由 Buijsman 于 1987 年提出的，其主要基于两点，即畜禽氨排放源的排放因子（单位畜禽氨排放系数）和养殖活动水平（畜禽养殖数量）。以单个（只）畜禽的氨排放系数乘以对应畜禽的养殖数量（活动水平）获得区域该种畜禽养殖氨排放量[66]。基于氮元素流核算思想，此方法认为氨大多由畜禽粪尿中总氨态氮［即粪尿中可以转化为

NH_4^+和 NH_3 的一切氨态化合物，total ammoniacal nitrogen（TAN）〕所释放，以存在于畜禽粪便中 TAN 分解综合氨挥发率核算氨排放量，并将氨排放量分摊至单位牲畜量得到每头动物的氨排放系数，区域畜禽养殖数量则主要通过统计数据获取。该方法运用简便，数据简单，但忽略了圈舍、粪污处理、粪污还田等不同氨排放节点因动物粪便理化性质改变而导致 TAN 及氨挥发率变化，从而导致氨排放系数精度不高，进而影响区域氨排放量测算结果。

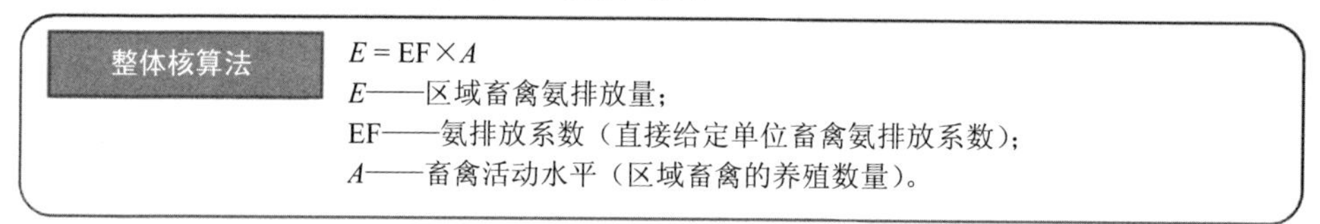

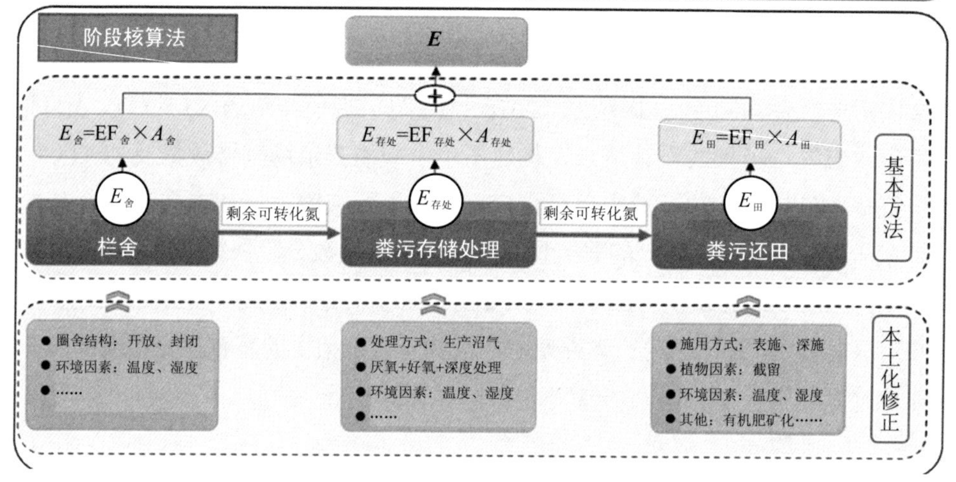

图 4.1 氨排放核算方法示意

4.1.1.2 阶段核算法

为解决不同氨排放节点因动物粪便理化性质改变而导致 TAN 变化及氨挥发率变化的问题，阶段核算法（图 4.1）应运而生，考虑了放牧、圈养、粪肥管理和粪肥播撒 4 个阶段排放因子差异，即根据不同氨排放节点动物粪便 TAN 量及氨挥发率核算不同阶段氨排放量，并将氨排放量分摊至单位牲畜量得到每头动物在不同阶段的氨排放系数。相较于整体核算法养殖活动水平只需获取区域畜禽养殖数量，阶段核算法还需获取区域内圈舍类型、粪污处理、粪污还田等情况，以便分别计算各节点区域氨排放量，最终获取区域氨排放总量。

阶段核算法中氨排放系数核算经历了两个过程。首先，以 MSAT 模型为例，直接独立利用养殖场不同氨排放节点动物粪便的氨挥发率核算氨排放系数[67]，即以养殖场不同管理阶段的氨排放因子代替每头动物的排放因子。在计算过程中，各环节排放是相互独立的，排放总量是各环节的线性和，该方式无法体现畜禽养殖粪尿处理过程的连续性，不能反映养殖过程中粪尿理化性质连续变化而导致动物粪便的 TAN 及氨挥发率的变化情况，所以其对养殖场在早期环节中（如圈舍环节）添加氨减排措施而带来的后期（存储处理、还田环节）氨减排潜力的识别力低。为此，有学者提出利用氮从饲料摄入到贯穿整个粪污管理过程的核算方法，即氮物质流方法，该方法显著提升了阶段核算法的核算精度。阶段核算法最先在欧盟区域得到运用，如欧盟梳理了主要畜禽种类粪尿的全氮含量，基于典型养殖模式及氮物质流，规定了圈舍、粪污处理及还田等连续养殖过程粪尿中 TAN 量及氨挥发率值，提出了圈舍、粪污处理及还田等过程的氨排放系数[68]。

在阶段核算法运用过程中，围绕阶段核算法的氨排放节点动物粪便的 TAN 量及氨挥发率的获取，各国（区域）根据实际应用需求进行了本土化修正。如根据畜禽年龄的大小进行了更细致的分类、添加了温度因子对氨排放的影响、在粪污存储过程中氮矿化及固化作用和 N_2、NO 与 N_2O 等非氨气排放的损失过程等，最终在各环节对 TAN 量及氨挥发率进行了调整，显著提高了各氨排放节点 TAN 量及氨挥发率的精度，从而提升了各节点氨排放系数的准确性。但是，由于其养殖活动水平基量数据获取难度显著增大而降低了效率（表 4.1）。

表 4.1 氨排放核算方法比较

方法类型		适用条件	优点	缺点	精度
整体核算法		缺乏系统畜禽活动水平基量数据主流养殖品种或区域内非主流养殖畜禽种类	应用简便、应用范围较广	排放系数精度不高	低
阶段核算法	基本方法	畜禽活动水平基量数据较为完备的畜禽品种	获取各节点氨排放系数，提升了区域核算准确性	养殖活动水平基量数据获取难度较大	较高
	本土化修正	畜禽养殖活动基量数据非常完备的畜禽品种	提升各节点氨排放系数准确性，本土情况得以体现	养殖活动水平基量数据获取难度大，设计复杂、操作难度大	高

4.1.2 核算方法应用情况

4.1.2.1 欧盟

清单是氨排放源在一定的时间跨度和空间区域内向大气中排放的大气污染物的量的集合，是核算量的集中体现。早在 2001 年，欧盟就颁布了《大气污染物国家排放限值指令》（2001/81/EC），并于 2006 年进行了修订，该指令直接确定了欧盟氨气的排放总量和各国分摊目标，要求 28 个成员国的氨排放总量限值不超过 429.4 万 t。为此，《EMEP/EEA 大气污染物排放清单编制指南》[65]规定了畜禽氨排放清单的编制方法，并于 2013 年与 2016 年更新过两次。其畜禽氨排放清单制定方法包含整体核算法和阶段核算法（含本土化修正阶段核算法），用于指导本区域的氨排放清单编制工作。由于各成员国发展水平不同，如东欧各国缺乏系统的畜禽活动水平基量数据，其往往选用整体核算法核算本国畜禽氨排放量。阶段核算法由于已经给定了畜禽养殖场养殖过程各阶段的畜禽粪便中 TAN 量及氨挥发率，只要各国具备对应的畜禽活动水平数据，一般都会选用此法，因此在欧盟内部应用最为广泛；而对于畜禽养殖活动水平统计非常完备的国家，为提高清单核算精度，对氨排放系数进行本土化修正。

在本土化系数修正过程中，各国主要是针对氮排泄量、TAN 产生量及各个环节的氨挥发率与氮其他损失过程进行了修正以精确本国的清单模型。在圈舍与放牧环节，英国 MAST 模型[69]通过增加测定频次（8 次/天）获取准确的畜禽排泄量，但在提高模型准确性的同时增加了数据获取的难度，降低了使用效率。荷兰 MAM 模型[70]针对放牧动物（牛、羊等）提出了氮排泄量与圈舍和放牧时间的非线性关系，同时提出了温度、湿度与环境风速等因子与氨挥发率关系。丹麦 DanAm 模型[71]辨析了反刍动物与非反刍动物氮排泄量的差异，为二者提供不同氨排放因子；该模型为了解决温度情况对氨排放的影响，根据丹麦气象的平均状况得出了春、夏、秋、冬 4 个季节性排放因子。在粪污存储处理环节，荷兰 Frits 的 FARMMIN[72]模型添加了硝酸盐淋溶流失的非氨损失环节；英国 NARSES[73]模型和德国 GASeous Emissions 模型[74]添加了氮的矿化过程和固化过程对氨损失的作用；欧盟 IPCC 模型对存储环节中非氨损失进行了估算。在粪污还田环节，丹麦 CEC 模型[75]添加了土壤阳离子交换对氨损失的作用；英国 MAST 模型针对不同的粪肥还田模式（粪肥的表施与注施）提出相应的氨排放系数。

4.1.2.2 美国

目前，美国正在使用 2004 年美国国家环保局编制的《畜牧业氨排放清单草案》[76]中的估算方法，其采用整体核算法和本土化修正的阶段核算法相结合的方式，如绵羊、山羊、马等非主流养殖品种采用整体核算法，直接给出了单位畜禽氨排放系数，根据养殖数量核算区域氨排放量；而生猪、奶牛、家禽、肉牛等主流养殖品种则采用本土化系数，根据本国实际情况对圈舍、粪污处理、粪污还田进行了细致划分，并提出了粪尿中 TAN 量及氨挥发率，可计算不同阶段的氨排放系数。

美国本土化修正的阶段核算法中以 AEIFA 模型最具代表性[77]，该方法类似于欧盟方法，通过调查不同养殖方式和粪便管理模式的畜禽年均数目，结合氮排泄率计算总量，再针对不同管理环节给出氨排放因子，最终计算得到氨排放量。该模型对时间和空间精度进行了部分修正，把以月为单位的农村层面活动水平和排放因子等数据应用于氨排放清单中，在一定程度上提高了氨排放清单的模型适用性和准确性。

4.1.2.3 中国

我国有关氨排放清单的研究起步较晚，始于 20 世纪 90 年代中后期[78]。2005 年以后研究者开始对国家尺度及区域尺度的氨排放分布或氨排放清单的建立有了初步研究[79]，近年来氨排放清单研究逐渐受到关注[80-83]。但此类研究大多直接采用国外已有的估算方法及排放因子，不能较准确地反映我国氨排放现状[84]。同时，近年来有些学者借鉴国外的研究方法，结合我国实际情况，对某些主要氨排放源的排放因子进行了修正研究，开始尝试本土化排放因子研究。在畜禽氨排放清单研究方面，杨志鹏[85]结合国内的相关研究，对畜禽氮排泄量做了修正，并根据畜禽粪尿碳氮比来修正粪污的氨挥发率。刘东[86]针对我国主流的畜禽养殖品种，对氮排泄量进行了本土化修正，同时添加了圈舍地面结构、粪污处理方式因子对氨排放的影响[87, 88]。

环境保护部于 2014 年发布了《大气氨源排放清单编制技术指南（试行）》（以下简称我国指南），旨在为我国本土的氨排放清单计算提供规范，以指导各省、市（县）、区域开展大气氨源排放清单编制工作。我国指南采用本土化系数法，依据欧盟的阶段核算法，立足于我国畜禽养殖情况，对主要畜禽品种年龄进行了更细致的分类，包含奶牛、肉牛、猪、羊、鸡、鸭、鹅、马等 21 种畜禽种类；划分了散养、集约化养殖以及放牧养殖 3 类养殖模式，户外、圈舍内、粪便存储处理和后续施肥 4 个养殖阶段；提出了户外、圈舍-液态、圈舍-固态、存储-液态、存储-固态、施肥-液态、施肥-固态 7 类氨排放系数。考虑到我国地域辽阔，添加了温度因子对圈舍氨排放的影响，同时在粪污存储过程中添加了 N_2、NO 与 N_2O 等非氨气排放的损失，由此提出了养殖过程中各氨排放节点如圈舍、粪污处理、粪污还田等过程中 TAN 量及氨挥发率，此外，也提出在清单制定过程中如有地方 TAN 量及氨挥发率等监测数据应优先使用，从而有效提高了氨排放清单的准确性及适用性。

4.1.3 小结

目前普遍采用的氨排放清单方法多是基于氮物质流模型构建，畜禽排泄物中 TAN 以及 TAN 在各排放节点氨挥发率的准确测算是决定清单精度的关键问题。实证结果表明，如果直接引用 EEA 清单核算我国区域养殖氨排放量会导致结果偏大，由于畜禽粪便中 TAN 量是通过粪便氮排泄量乘以 TAN 转化率获得，EEA 方法核算结果较高主要与其较高的粪便氮排泄量和各节点氨挥发率相关（《EMEP/EEA 大气污染物排放清单编制指南》之表 3）。欧盟和我国相比，在畜禽饲养种类、饲料构成、规模化集约化程度、粪污处置方式及气候条件等方面均存在差异[71,73]，欧盟饲养猪种主要为切斯特白猪、蓝德瑞斯猪、波中猪等，而这些品种在我国并没有大规模饲养[89]，此外饲料中粗蛋白含量的不同会导致畜禽氮排泄量的差异；欧盟畜禽养殖集约化规模化水平显著高于我国，圈舍多为封闭机械通风模式[90]，舍内环境自动化控制程度高，粪污处理多为存储后直接还田[18]，而我国圈舍多为自然通风模式[88]，舍内温湿度等重要氨排放影响因子易受外界影响[90]，粪污处理则多通过厌氧发酵、堆肥等方式处理后还田，这些均导致各环节氨挥发率存在较大差异。

我国指南核算结果与实测结果大致接近，主要与我国指南对关键参数进行本土化取值相关，我国指南提出参数应优先选取我国本土测量的结果，其次也可采用国外同等条件下的测试结果，最后也可直接使用我国指南推荐值，如实证研究中粪便氮排泄量即采用了《第一次全国污染源普查产排污系数手册》华东区系数，从而有效提高了清单的准确性及适用性。但是由于氨排放因子测量的专业性和困难性，国内畜禽养殖氨排放因子实测研究较少，而且缺乏相关实测资料，我国指南粪便氨挥发率推荐值大多还是参考国外同等条件下的实测结果。以猪为例，圈舍环节氨挥发率引用了国外学者[71,90-92]的实测结果，粪污处理环节氨挥发率引用了英国学者 Webb 的相关研究成果[93]，且实证研究中我国指南各环节氨挥发率推荐值适用温度为 10～20℃，由于实测平均温度为 18.5℃，接近上限，这些都可能导致我国指南核算结果特别是易受外界气候影响的存储环节氨排放系数略低于实测结果。

综上所述，我国畜禽养殖氨排放核算较为全面地考虑了全国畜禽种类、养殖模式、养殖阶段等影响氨排放的主要因素，其系数核算系统性非常完备，但粪污处理环节氨挥发率大多还是参考国外同等条件下的实测结果，本土化率不足；区域畜禽氨排放核算，除氨排放系数外，畜禽养殖活动水平基量数据也非常重要，“二污普”首次将畜禽养殖氨排放纳入普查范围，但目前我国基于氮物质流的氨排放系数体系与养殖活动水平获取体系尚不匹配。“一污普”建立了养殖场典型清粪工艺（产污因素）与处理模式（排放因素）相结合的水污染物排放系数体系及对应的普查报表制度[5]，因此，基于畜禽养殖氨排放特点，开展本土化系数实地监测，建立与畜禽养殖水污染物普查框架下的普查报表相适应的氨排放核算体系，对于实现“二污普”畜禽养殖气、水协同普查目标具有重要意义。

4.2　“二污普”畜禽养殖氨排放核算方法

针对上述问题，结合高时空分辨率、全模式覆盖的畜禽养殖氨排放系数，依托“二污普”入户调查所统计的养殖业畜禽基量，本书提供了一种新型核算方法，分为区域规模化养殖场氨排放量核算与区域养殖户氨排放量核算，针对区域规模化养殖场氨排放量，首先根据“二污普”所统计的该区域各单独养殖场的养殖类型、养殖基量与养殖模式结果，查找该区域畜禽养殖氨排放系数手册所对应的规模化系数，分阶段计算汇总得到单个养殖场氨排放量，再对该区县所有规模化养殖场氨排放量进行加和得到该区县所有规模化养殖场氨排放量；针对区域养殖户氨排放量，根据“二污普”统计的区域养殖户基量，结合氨排放系数手册对应区域的综合系数，相乘即可得到区域养殖户氨排放量。区域规模化氨排放量与区域养殖户氨排放量之和得到该区域氨排放总量。

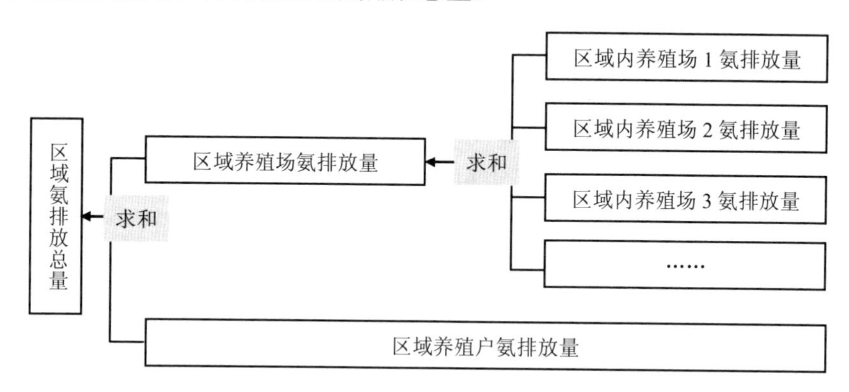

图 4.2 “二污普”畜禽养殖氨排放量计算思路

4.2.1 规模化畜禽养殖场

（1）规模化畜禽养殖场氨排放量计算公式

$$P_i = (\mathrm{FH}_{a,k} + \sum_{b}^{n} \mathrm{FW}_{b,k} + \sum_{c}^{n} \mathrm{FS}_{c,k}) \times N_{k,i} \times 10^{-3} \tag{4.1}$$

式中，P_i ——第 i 规模养殖场氨排放量，t 氨/年；

k——养殖畜种，分别为生猪、奶牛、肉牛、蛋鸡和肉鸡 5 大类；

$N_{k,i}$ ——第 i 养殖场第 k 类畜禽年存（出）栏量，其中生猪、肉牛、肉鸡为普查年度全部出栏量，头（羽）/年，奶牛、蛋鸡为普查年度平均存栏量，头（羽）；[①]

$\mathrm{FH}_{a,k}$—— 第 k 类畜禽第 a 种圈舍（清粪）氨排放系数，生猪、肉牛、肉鸡为 kg 氨/头（羽），奶牛、蛋鸡为 kg 氨/［头（羽）·年］；

$\mathrm{FW}_{b,k}$—— 第 k 类畜禽第 b 种液态粪污氨排放系数，生猪、肉牛、肉鸡为 kg/头（羽），奶牛、蛋鸡为 kg 氨/［头（羽）·年］；

① 规模化 N_k 详见《第二次全国污染源普查报表制度》N101-2 表代码丙 02-1（生猪全年出栏量）、丙 03-1（奶牛全年存栏量）、丙 04-1（肉牛全年出栏量）、丙 05-1（蛋鸡全年存栏量）、丙 06-1（肉鸡全年出栏量）。

$FS_{c,k}$—— 第 k 类畜禽第 c 种固态粪污氨排放系数，生猪、肉牛、肉鸡为 kg 氨/头（羽），奶牛、蛋鸡为 kg 氨/［头（羽）·年］。

表 4.2　五类畜禽不同圈舍类型（清粪方式）氨排放系数表示例

养殖模式			生猪/（kg 氨/头）	奶牛/［kg 氨/（头·年）］	肉牛/（kg 氨/头）	蛋鸡/［kg 氨/（羽·年）］	肉鸡/（kg 氨/羽）
			$k1$	$k2$	$k3$	$k4$	$k5$
区域	人工干清粪封闭式	$a1$	$FH_{a1,k1}$	$FH_{a1,k2}$	$FH_{a1,k3}$	$FH_{a1,k4}$	$FH_{a1,k5}$
	人工干清粪开放式	$a2$	$FH_{a2,k1}$	$FH_{a2,k2}$	$FH_{a2,k3}$	$FH_{a2,k4}$	$FH_{a2,k5}$
	机械干清粪封闭式	$a3$	$FH_{a3,k1}$	$FH_{a3,k2}$	$FH_{a3,k3}$	$FH_{a3,k4}$	$FH_{a3,k5}$
	机械干清粪开放式	$a4$	$FH_{a4,k1}$	$FH_{a4,k2}$	$FH_{a4,k3}$	$FH_{a4,k4}$	$FH_{a4,k5}$
	垫草垫料封闭式	$a5$	$FH_{a5,k1}$	$FH_{a5,k2}$	$FH_{a5,k3}$	$FH_{a5,k4}$	$FH_{a5,k5}$
	垫草垫料开放式	$a6$	$FH_{a6,k1}$	$FH_{a6,k2}$	$FH_{a6,k3}$	$FH_{a6,k4}$	$FH_{a6,k5}$
	高床养殖封闭式	$a7$	$FH_{a7,k1}$	$FH_{a7,k2}$	$FH_{a7,k3}$	$FH_{a7,k4}$	$FH_{a7,k5}$
	高床养殖开放式	$a8$	$FH_{a8,k1}$	$FH_{a8,k2}$	$FH_{a8,k3}$	$FH_{a8,k4}$	$FH_{a8,k5}$
	水冲粪封闭式	$a9$	$FH_{a9,k1}$	$FH_{a9,k2}$	$FH_{a9,k3}$	$FH_{a9,k4}$	$FH_{a9,k5}$
	水冲粪开放式	$a10$	$FH_{a10,k1}$	$FH_{a10,k2}$	$FH_{a10,k3}$	$FH_{a10,k4}$	$FH_{a10,k5}$
	水泡粪封闭式	$a11$	$FH_{a11,k1}$	$FH_{a11,k2}$	$FH_{a11,k3}$	$FH_{a11,k4}$	$FH_{a11,k5}$
	水泡粪开放式	$a12$	$FH_{a12,k1}$	$FH_{a12,k2}$	$FH_{a12,k3}$	$FH_{a12,k4}$	$FH_{a12,k5}$

表 4.3　五类畜禽不同液态粪污氨排放系数表示例

养殖模式			生猪/（kg 氨/头）	奶牛/［kg 氨/（头·年）］	肉牛/（kg 氨/头）	蛋鸡/［kg 氨/（羽·年）］	肉鸡/（kg 氨/羽）
			$k1$	$k2$	$k3$	$k4$	$k5$
区域	人工干清粪肥水储存	$b1$	$FW_{b1,k1}$	$FW_{b1,k2}$	$FW_{b1,k3}$	$FW_{b1,k4}$	$FW_{b1,k5}$
	人工干清粪固液分离	$b2$	$FW_{b2,k1}$	$FW_{b2,k2}$	$FW_{b2,k3}$	$FW_{b2,k4}$	$FW_{b2,k5}$
	人工干清粪厌氧发酵	$b3$	$FW_{b3,k1}$	$FW_{b3,k2}$	$FW_{b3,k3}$	$FW_{b3,k4}$	$FW_{b3,k5}$
	人工干清粪好氧处理	$b4$	$FW_{b4,k1}$	$FW_{b4,k2}$	$FW_{b4,k3}$	$FW_{b4,k4}$	$FW_{b4,k5}$
	人工干清粪液体有机肥生产	$b5$	$FW_{b5,k1}$	$FW_{b5,k2}$	$FW_{b5,k3}$	$FW_{b5,k4}$	$FW_{b5,k5}$
	人工干清粪氧化塘处理	$b6$	$FW_{b6,k1}$	$FW_{b6,k2}$	$FW_{b6,k3}$	$FW_{b6,k4}$	$FW_{b6,k5}$
	人工干清粪人工湿地	$b7$	$FW_{b7,k1}$	$FW_{b7,k2}$	$FW_{b7,k3}$	$FW_{b7,k4}$	$FW_{b7,k5}$
	人工干清粪膜处理	$b8$	$FW_{b8,k1}$	$FW_{b8,k2}$	$FW_{b8,k3}$	$FW_{b8,k4}$	$FW_{b8,k5}$
	人工干清粪无处理	$b9$	$FW_{b9,k1}$	$FW_{b9,k2}$	$FW_{b9,k3}$	$FW_{b9,k4}$	$FW_{b9,k5}$

养殖模式			生猪/（kg氨/头）	奶牛/［kg氨/（头·年）］	肉牛/（kg氨/头）	蛋鸡/［kg氨/（羽·年）］	肉鸡/（kg氨/羽）
			$k1$	$k2$	$k3$	$k4$	$k5$
区域	人工干清粪其他	$b10$	$FW_{b10,k1}$	$FW_{b10,k2}$	$FW_{b10,k3}$	$FW_{b10,k4}$	$FW_{b10,k5}$
	机械干清粪肥水储存	$b11$	$FW_{b11,k1}$	$FW_{b11,k2}$	$FW_{b11,k3}$	$FW_{b11,k4}$	$FW_{b11,k5}$
	机械干清粪固液分离	$b12$	$FW_{b12,k1}$	$FW_{b12,k2}$	$FW_{b12,k3}$	$FW_{b12,k4}$	$FW_{b12,k5}$
	机械干清粪厌氧发酵	$b13$	$FW_{b13,k1}$	$FW_{b13,k2}$	$FW_{b13,k3}$	$FW_{b13,k4}$	$FW_{b13,k5}$
	机械干清粪好氧处理	$b14$	$FW_{b14,k1}$	$FW_{b14,k2}$	$FW_{b14,k3}$	$FW_{b14,k4}$	$FW_{b14,k5}$
	机械干清粪液体有机肥生产	$b15$	$FW_{b15,k1}$	$FW_{b15,k2}$	$FW_{b15,k3}$	$FW_{b15,k4}$	$FW_{b15,k5}$
	机械干清粪氧化塘处理	$b16$	$FW_{b16,k1}$	$FW_{b16,k2}$	$FW_{b16,k3}$	$FW_{b16,k4}$	$FW_{b16,k5}$
	机械干清粪人工湿地	$b17$	$FW_{b17,k1}$	$FW_{b17,k2}$	$FW_{b17,k3}$	$FW_{b17,k4}$	$FW_{b17,k5}$
	机械干清粪膜处理	$b18$	$FW_{b18,k1}$	$FW_{b18,k2}$	$FW_{b18,k3}$	$FW_{b18,k4}$	$FW_{b18,k5}$
	机械干清粪无处理	$b19$	$FW_{b19,k1}$	$FW_{b19,k2}$	$FW_{b19,k3}$	$FW_{b19,k4}$	$FW_{b19,k5}$
	机械干清粪其他	$b20$	$FW_{b20,k1}$	$FW_{b20,k2}$	$FW_{b20,k3}$	$FW_{b20,k4}$	$FW_{b20,k5}$
	垫草垫料肥水储存	$b21$	$FW_{b21,k1}$	$FW_{b21,k2}$	$FW_{b21,k3}$	$FW_{b21,k4}$	$FW_{b21,k5}$
	垫草垫料固液分离	$b22$	$FW_{b22,k1}$	$FW_{b22,k2}$	$FW_{b22,k3}$	$FW_{b22,k4}$	$FW_{b22,k5}$
	垫草垫料厌氧发酵	$b23$	$FW_{b23,k1}$	$FW_{b23,k2}$	$FW_{b23,k3}$	$FW_{b23,k4}$	$FW_{b23,k5}$
	垫草垫料好氧处理	$b24$	$FW_{b24,k1}$	$FW_{b24,k2}$	$FW_{b24,k3}$	$FW_{b24,k4}$	$FW_{b24,k5}$
	垫草垫料液体有机肥生产	$b25$	$FW_{b25,k1}$	$FW_{b25,k2}$	$FW_{b25,k3}$	$FW_{b25,k4}$	$FW_{b25,k5}$
	垫草垫料氧化塘处理	$b26$	$FW_{b26,k1}$	$FW_{b26,k2}$	$FW_{b26,k3}$	$FW_{b26,k4}$	$FW_{b26,k5}$
	垫草垫料人工湿地	$b27$	$FW_{b27,k1}$	$FW_{b27,k2}$	$FW_{b27,k3}$	$FW_{b27,k4}$	$FW_{b27,k5}$
	垫草垫料膜处理	$b28$	$FW_{b28,k1}$	$FW_{b28,k2}$	$FW_{b28,k3}$	$FW_{b28,k4}$	$FW_{b28,k5}$
	垫草垫料无处理	$b29$	$FW_{b29,k1}$	$FW_{b29,k2}$	$FW_{b29,k3}$	$FW_{b29,k4}$	$FW_{b29,k5}$
	垫草垫料其他	$b30$	$FW_{b30,k1}$	$FW_{b30,k2}$	$FW_{b30,k3}$	$FW_{b30,k4}$	$FW_{b30,k5}$
	高床养殖肥水储存	$b31$	$FW_{b31,k1}$	$FW_{b31,k2}$	$FW_{b31,k3}$	$FW_{b31,k4}$	$FW_{b31,k5}$
	高床养殖固液分离	$b32$	$FW_{b32,k1}$	$FW_{b32,k2}$	$FW_{b32,k3}$	$FW_{b32,k4}$	$FW_{b32,k5}$
	高床养殖厌氧发酵	$b33$	$FW_{b33,k1}$	$FW_{b33,k2}$	$FW_{b33,k3}$	$FW_{b33,k4}$	$FW_{b33,k5}$
	高床养殖好氧处理	$b34$	$FW_{b34,k1}$	$FW_{b34,k2}$	$FW_{b34,k3}$	$FW_{b34,k4}$	$FW_{b34,k5}$
	高床养殖液体有机肥生产	$b35$	$FW_{b35,k1}$	$FW_{b35,k2}$	$FW_{b35,k3}$	$FW_{b35,k4}$	$FW_{b35,k5}$
	高床养殖氧化塘处理	$b36$	$FW_{b36,k1}$	$FW_{b36,k2}$	$FW_{b36,k3}$	$FW_{b36,k4}$	$FW_{b36,k5}$
	高床养殖人工湿地	$b37$	$FW_{b37,k1}$	$FW_{b37,k2}$	$FW_{b37,k3}$	$FW_{b37,k4}$	$FW_{b37,k5}$
	高床养殖膜处理	$b38$	$FW_{b38,k1}$	$FW_{b38,k2}$	$FW_{b38,k3}$	$FW_{b38,k4}$	$FW_{b38,k5}$

养殖模式			生猪/（kg 氨/头）	奶牛/[kg 氨/(头·年)]	肉牛/（kg 氨/头）	蛋鸡/[kg 氨/(羽·年)]	肉鸡/（kg 氨/羽）
			$k1$	$k2$	$k3$	$k4$	$k5$
区域	高床养殖无处理	$b39$	$FW_{b39,k1}$	$FW_{b39,k2}$	$FW_{b39,k3}$	$FW_{b39,k4}$	$FW_{b39,k5}$
	高床养殖其他	$b40$	$FW_{b40,k1}$	$FW_{b40,k2}$	$FW_{b40,k3}$	$FW_{b40,k4}$	$FW_{b40,k5}$
	水冲粪肥水储存	$b41$	$FW_{b41,k1}$	$FW_{b41,k2}$	$FW_{b41,k3}$	$FW_{b41,k4}$	$FW_{b41,k5}$
	水冲粪固液分离	$b42$	$FW_{b42,k1}$	$FW_{b42,k2}$	$FW_{b42,k3}$	$FW_{b42,k4}$	$FW_{b42,k5}$
	水冲粪厌氧发酵	$b43$	$FW_{b43,k1}$	$FW_{b43,k2}$	$FW_{b43,k3}$	$FW_{b43,k4}$	$FW_{b43,k5}$
	水冲粪好氧处理	$b44$	$FW_{b44,k1}$	$FW_{b44,k2}$	$FW_{b44,k3}$	$FW_{b44,k4}$	$FW_{b44,k5}$
	水冲粪液体有机肥生产	$b45$	$FW_{b45,k1}$	$FW_{b45,k2}$	$FW_{b45,k3}$	$FW_{b45,k4}$	$FW_{b45,k5}$
	水冲粪氧化塘处理	$b46$	$FW_{b46,k1}$	$FW_{b46,k2}$	$FW_{b46,k3}$	$FW_{b46,k4}$	$FW_{b46,k5}$
	水冲粪人工湿地	$b47$	$FW_{b47,k1}$	$FW_{b47,k2}$	$FW_{b47,k3}$	$FW_{b47,k4}$	$FW_{b47,k5}$
	水冲粪膜处理	$b48$	$FW_{b48,k1}$	$FW_{b48,k2}$	$FW_{b48,k3}$	$FW_{b48,k4}$	$FW_{b48,k5}$
	水冲粪无处理	$b49$	$FW_{b49,k1}$	$FW_{b49,k2}$	$FW_{b49,k3}$	$FW_{b49,k4}$	$FW_{b49,k5}$
	水冲粪其他	$b50$	$FW_{b50,k1}$	$FW_{b50,k2}$	$FW_{b50,k3}$	$FW_{b50,k4}$	$FW_{b50,k5}$
	水泡粪肥水储存	$b51$	$FW_{b51,k1}$	$FW_{b51,k2}$	$FW_{b51,k3}$	$FW_{b51,k4}$	$FW_{b51,k5}$
	水泡粪固液分离	$b52$	$FW_{b52,k1}$	$FW_{b52,k2}$	$FW_{b52,k3}$	$FW_{b52,k4}$	$FW_{b52,k5}$
	水泡粪厌氧发酵	$b53$	$FW_{b53,k1}$	$FW_{b53,k2}$	$FW_{b53,k3}$	$FW_{b53,k4}$	$FW_{b53,k5}$
	水泡粪好氧处理	$b54$	$FW_{b54,k1}$	$FW_{b54,k2}$	$FW_{b54,k3}$	$FW_{b54,k4}$	$FW_{b54,k5}$
	水泡粪液体有机肥生产	$b55$	$FW_{b55,k1}$	$FW_{b55,k2}$	$FW_{b55,k3}$	$FW_{b55,k4}$	$FW_{b55,k5}$
	水泡粪氧化塘处理	$b56$	$FW_{b56,k1}$	$FW_{b56,k2}$	$FW_{b56,k3}$	$FW_{b56,k4}$	$FW_{b56,k5}$
	水泡粪人工湿地	$b57$	$FW_{b57,k1}$	$FW_{b57,k2}$	$FW_{b57,k3}$	$FW_{b57,k4}$	$FW_{b57,k5}$
	水泡粪膜处理	$b58$	$FW_{b58,k1}$	$FW_{b58,k2}$	$FW_{b58,k3}$	$FW_{b58,k4}$	$FW_{b58,k5}$
	水泡粪无处理	$b59$	$FW_{b59,k1}$	$FW_{b59,k2}$	$FW_{b59,k3}$	$FW_{b59,k4}$	$FW_{b59,k5}$
	水泡粪其他	$b60$	$FW_{b60,k1}$	$FW_{b60,k2}$	$FW_{b60,k3}$	$FW_{b60,k4}$	$FW_{b60,k5}$

表 4.4　五类畜禽不同粪便处理设施氨排放系数表示例

养殖模式			生猪/（kg 氨/头）	奶牛/[kg 氨/(头·年)]	肉牛/（kg 氨/头）	蛋鸡/[kg 氨/(羽·年)]	肉鸡/（kg 氨/羽）
			$k1$	$k2$	$k3$	$k4$	$k5$
区域	人工干清粪堆肥发酵	$c1$	$FS_{c1,k1}$	$FS_{c1,k2}$	$FS_{c1,k3}$	$FS_{c1,k4}$	$FS_{c1,k5}$
	人工干清粪固态有机肥生产	$c2$	$FS_{c2,k1}$	$FS_{c2,k2}$	$FS_{c2,k3}$	$FS_{c2,k4}$	$FS_{c2,k5}$
	人工干清粪生产沼气	$c3$	$FS_{c3,k1}$	$FS_{c3,k2}$	$FS_{c3,k3}$	$FS_{c3,k4}$	$FS_{c3,k5}$
	人工干清粪生产垫料	$c4$	$FS_{c4,k1}$	$FS_{c4,k2}$	$FS_{c4,k3}$	$FS_{c4,k4}$	$FS_{c4,k5}$
	人工干清粪生产基质	$c5$	$FS_{c5,k1}$	$FS_{c5,k2}$	$FS_{c5,k3}$	$FS_{c5,k4}$	$FS_{c5,k5}$

养殖模式			生猪/（kg 氨/头）	奶牛/［kg 氨/（头·年）］	肉牛/（kg 氨/头）	蛋鸡/［kg 氨/（羽·年）］	肉鸡/（kg 氨/羽）
			$k1$	$k2$	$k3$	$k4$	$k5$
区域	人工干清粪其他	$c6$	$FS_{c6,k1}$	$FS_{c6,k2}$	$FS_{c6,k3}$	$FS_{c6,k4}$	$FS_{c6,k5}$
	机械干清粪堆肥发酵	$c7$	$FS_{c7,k1}$	$FS_{c7,k2}$	$FS_{c7,k3}$	$FS_{c7,k4}$	$FS_{c7,k5}$
	机械干清粪固态有机肥生产	$c8$	$FS_{c8,k1}$	$FS_{c8,k2}$	$FS_{c8,k3}$	$FS_{c8,k4}$	$FS_{c8,k5}$
	机械干清粪生产沼气	$c9$	$FS_{c9,k1}$	$FS_{c9,k2}$	$FS_{c9,k3}$	$FS_{c9,k4}$	$FS_{c9,k5}$
	机械干清粪生产垫料	$c10$	$FS_{c10,k1}$	$FS_{c10,k2}$	$FS_{c10,k3}$	$FS_{c10,k4}$	$FS_{c10,k5}$
	机械干清粪生产基质	$c11$	$FS_{c11,k1}$	$FS_{c11,k2}$	$FS_{c11,k3}$	$FS_{c11,k4}$	$FS_{c11,k5}$
	机械干清粪其他	$c12$	$FS_{c12,k1}$	$FS_{c12,k2}$	$FS_{c12,k3}$	$FS_{c12,k4}$	$FS_{c12,k5}$
	垫草垫料堆肥发酵	$c13$	$FS_{c13,k1}$	$FS_{c13,k2}$	$FS_{c13,k3}$	$FS_{c13,k4}$	$FS_{c13,k5}$
	垫草垫料固态有机肥生产	$c14$	$FS_{c14,k1}$	$FS_{c14,k2}$	$FS_{c14,k3}$	$FS_{c14,k4}$	$FS_{c14,k5}$
	垫草垫料生产沼气	$c15$	$FS_{c15,k1}$	$FS_{c15,k2}$	$FS_{c15,k3}$	$FS_{c15,k4}$	$FS_{c15,k5}$
	垫草垫料生产垫料	$c16$	$FS_{c16,k1}$	$FS_{c16,k2}$	$FS_{c16,k3}$	$FS_{c16,k4}$	$FS_{c16,k5}$
	垫草垫料生产基质	$c17$	$FS_{c17,k1}$	$FS_{c17,k2}$	$FS_{c17,k3}$	$FS_{c17,k4}$	$FS_{c17,k5}$
	垫草垫料其他	$c18$	$FS_{c18,k1}$	$FS_{c18,k2}$	$FS_{c18,k3}$	$FS_{c18,k4}$	$FS_{c18,k5}$
	高床养殖堆肥发酵	$c19$	$FS_{c19,k1}$	$FS_{c19,k2}$	$FS_{c19,k3}$	$FS_{c19,k4}$	$FS_{c19,k5}$
	高床养殖固态有机肥生产	$c20$	$FS_{c20,k1}$	$FS_{c20,k2}$	$FS_{c20,k3}$	$FS_{c20,k4}$	$FS_{c20,k5}$
	高床养殖生产沼气	$c21$	$FS_{c21,k1}$	$FS_{c21,k2}$	$FS_{c21,k3}$	$FS_{c21,k4}$	$FS_{c21,k5}$
	高床养殖生产垫料	$c22$	$FS_{c22,k1}$	$FS_{c22,k2}$	$FS_{c22,k3}$	$FS_{c22,k4}$	$FS_{c22,k5}$
	高床养殖生产基质	$c23$	$FS_{c23,k1}$	$FS_{c23,k2}$	$FS_{c23,k3}$	$FS_{c23,k4}$	$FS_{c23,k5}$
	高床养殖其他	$c24$	$FS_{c24,k1}$	$FS_{c24,k2}$	$FS_{c24,k3}$	$FS_{c24,k4}$	$FS_{c24,k5}$
	水冲粪堆肥发酵	$c25$	$FS_{c25,k1}$	$FS_{c25,k2}$	$FS_{c25,k3}$	$FS_{c25,k4}$	$FS_{c25,k5}$
	水冲粪固态有机肥生产	$c26$	$FS_{c26,k1}$	$FS_{c26,k2}$	$FS_{c26,k3}$	$FS_{c26,k4}$	$FS_{c26,k5}$
	水冲粪生产沼气	$c27$	$FS_{c27,k1}$	$FS_{c27,k2}$	$FS_{c27,k3}$	$FS_{c27,k4}$	$FS_{c27,k5}$
	水冲粪生产垫料	$c28$	$FS_{c28,k1}$	$FS_{c28,k2}$	$FS_{c28,k3}$	$FS_{c28,k4}$	$FS_{c28,k5}$
	水冲粪生产基质	$c29$	$FS_{c29,k1}$	$FS_{c29,k2}$	$FS_{c29,k3}$	$FS_{c29,k4}$	$FS_{c29,k5}$
	水冲粪其他	$c30$	$FS_{c30,k1}$	$FS_{c30,k2}$	$FS_{c30,k3}$	$FS_{c30,k4}$	$FS_{c30,k5}$
	水泡粪堆肥发酵	$c31$	$FS_{c31,k1}$	$FS_{c31,k2}$	$FS_{c31,k3}$	$FS_{c31,k4}$	$FS_{c31,k5}$
	水泡粪固态有机肥生产	$c32$	$FS_{c32,k1}$	$FS_{c32,k2}$	$FS_{c32,k3}$	$FS_{c32,k4}$	$FS_{c32,k5}$
	水泡粪生产沼气	$c33$	$FS_{c33,k1}$	$FS_{c33,k2}$	$FS_{c33,k3}$	$FS_{c33,k4}$	$FS_{c33,k5}$
	水泡粪生产垫料	$c34$	$FS_{c34,k1}$	$FS_{c34,k2}$	$FS_{c34,k3}$	$FS_{c34,k4}$	$FS_{c34,k5}$
	水泡粪生产基质	$c35$	$FS_{c35,k1}$	$FS_{c35,k2}$	$FS_{c35,k3}$	$FS_{c35,k4}$	$FS_{c35,k5}$
	水泡粪其他	$c36$	$FS_{c36,k1}$	$FS_{c36,k2}$	$FS_{c36,k3}$	$FS_{c36,k4}$	$FS_{c36,k5}$

规模畜禽养殖场养殖规模与粪污处理情况

表　　号：N101-2 表
制定机关：国务院第二次全国污染源普查领导小组办公室
批准机关：国家统计局
批准文号：国统制〔2018〕103 号
有效期至：2019 年 12 月 31 日

统一社会信用代码：□□□□□□□□□□□□□□□□□□□□□□（□□）
组织机构代码：□□□□□□□□□□（□□）
养殖场名称（盖章）：　　2017 年

指标名称	计量单位	代码	指标值
甲	乙	丙	1
一、生产设施	—	—	—
圈舍建筑面积	平方米	01	
二、养殖量	—	—	—
生猪（全年出栏量）	头	02	
奶牛（年末存栏量）	头	03	
肉牛（全年出栏量）	头	04	
蛋鸡（年末存栏量）	羽	05	
肉鸡（全年出栏量）	羽	06	
三、污水和粪便产生及利用情况	—	—	—
污水产生量	吨/年	07	
污水利用量	吨/年	08	
粪便收集量	吨/年	09	
粪便利用量	吨/年	10	
四、养殖场粪污利用配套农田和林地情况	—	—	—
农田面积	亩	11	
大田作物	亩	12	
其中：小麦	亩	13	
玉米	亩	14	
水稻	亩	15	
谷子	亩	16	
其他作物	亩	17	
蔬菜	亩	18	
经济作物	亩	19	
果园	亩	20	
草地面积	亩	21	
林地面积	亩	22	

单位负责人：　　统计负责人（审核人）：　　填表人：　　报出日期：20　年　月　日

说明：1. 本表由辖区内规模畜禽养殖场填报；
2. 尚未领取统一社会信用代码的填写原组织机构代码号；
3. 12～19 为播种面积；20～22 为种植面积。

图 4.3　五类畜禽规模化养殖量报表示例①

注：生猪、肉牛、肉鸡取出栏量，奶牛、蛋鸡取存栏量。

（2）规模化畜禽养殖场氨排放量核算示例

以××省××市××县为例，该县行政区划代码为××××××。该县有规模化畜禽养殖场 a，养殖种类为生猪，养殖量为 m 头，其养殖模式见表 4.5。

① 详见《第二次全国污染源普查报表制度》N101-2 表。

表 4.5 ××省××市××县××规模化养殖场对应系数

氨排放节点	养殖模式
圈舍	封闭式人工干清粪
液态粪污	人工干清粪肥水储存
固态粪污	人工干清粪堆肥发酵

根据“二污普”县（区）结果，该养殖场选用系数见表 4.6。

表 4.6 ××省××市××县规模化场养殖量

氨排放节点	养殖模式	氨排放系数 $FH_{a,k}$、$FW_{b,k}$、$FS_{c,k}$/（kg 氨/头）
圈舍	封闭式人工干清粪	$FH_{a1,k1}$
液态粪污	人工干清粪肥水储存	$FW_{b1,k1}$
固态粪污	人工干清粪堆肥发酵	$FS_{c1,k1}$

根据规模畜禽养殖场氨排放量核算公式计算：

$$\text{氨排放量（kg 氨）} = m\times(FH_{a1,k1}+FW_{b1,k1}+FS_{c1,k1})$$

4.2.2 养殖户

（1）县（区）养殖户氨排放量计算公式

$$P_r=\sum_{k}^{s}N_k\times FD_k\times 10 \qquad (4.2)$$

式中，P_r ——县（区）养殖户氨排放量，t 氨/年；

N_k ——县（区）养殖户第 k 类畜禽年均存（出）栏量，其中生猪、肉牛、肉鸡为普查年度全部出栏量，万头（羽）/年，奶牛、蛋鸡为普查年度平均存栏量，万头（羽）[①]；

FD_k——县（区）养殖户第 k 类畜禽氨排放系数，生猪、肉牛、肉鸡为 kg 氨/头（羽），奶牛、蛋鸡为 kg 氨/［头（羽）·年］。

---

① 养殖户 N_k 详见《第二次全国污染源普查报表制度》N202 表指标丙 02-1（生猪全年出栏量）、丙 02-5（肉牛全年出栏量）、丙 02-9（肉鸡全年出栏量）、丙 03-3（奶牛全年存栏量）、丙 03-7（蛋鸡全年存栏量）。

表 4.7　区域五类养殖户氨排放系数表示例

养殖模式		生猪/（kg 氨/头）	奶牛/［kg 氨/（头·年）］	肉牛/（kg 氨/头）	蛋鸡/［kg 氨/（羽·年）］	肉鸡/（kg 氨/羽）
		$k1$	$k2$	$k3$	$k4$	$k5$
区域	开放干清粪圈舍+肥水储存粪污综合模式	FD_{k1}	FD_{k2}	FD_{k3}	FD_{k4}	FD_{k5}

县（区、市、旗）规模以下养殖户养殖量及粪污处理情况

表　　号：N202 表
区划代码：□□□□□□　　制定机关：国务院第二次全国污染源普查领导小组办公室
＿＿＿＿＿省（自治区、直辖市）
＿＿＿＿＿市（区、市、州、盟）　　批准机关：国家统计局
＿＿＿＿＿县（区、市、旗）　　批准文号：国统制〔2018〕103 号
综合单位名称（盖章）：　　2017　　有效期至：2019 年 12 月 31 日

指标名称	计量单位	代码	指标值									
			生猪		奶牛		肉牛		蛋鸡		肉鸡	
				年出栏＜50 头		年存栏＜5 头		年出栏＜10 头		年存栏＜500 羽		年出栏＜2 000 羽
甲	乙	丙	1	2	3	4	5	6	7	8	9	10
一、养殖户情况	—	—	—	—	—	—	—	—	—	—	—	—
养殖户数量	个	01										
出栏量	万头（万羽）	02			—	—			—	—		
存栏量	万头（万羽）	03	—	—			—	—			—	—
二、清粪方式	—	—	—		—		—		—		—	
干清粪	%	04										
水冲粪	%	05										
水泡粪	%	06										
垫草垫料	%	07										
高床养殖	%	08										
其他	%	09										
三、粪便处理利用方式	—	—	—		—		—		—		—	
委托处理	%	10										
生产农家肥	%	11										
生产商品有机肥	%	12										
生产牛床垫料	%	13										
生产栽培基质	%	14										
饲养昆虫	%	15										
其他	%	16										
场外丢弃	%	17										
四、污水处理利用方式	—	—	—		—		—		—		—	
委托处理	%	18										
沼液还田	%	19										
肥水还田	%	20										
生产液态有机肥	%	21										
鱼塘养殖	%	22										
达标排放	%	23										
其他利用	%	24										
未利用直接排放	%	25										

图 4.4　五类畜禽养殖户养殖量报表示例①

注：生猪、肉牛、肉鸡取出栏量，奶牛、蛋鸡取存栏量。

① 详见《第二次全国污染源普查报表制度》N202 表。

（2）养殖户氨排放量核算示例

以××省××市××县为例，该县行政区划代码为××××××。根据《第二次全国污染源普查报表制度》（国统制〔2018〕103号），N202表指标一的普查结果，该县选用系数见表4.8。

表4.8 ××省××市××县养殖户养殖对应系数

畜禽种类	系数单位	氨排放系数
生猪	kg氨/头	FD_{k1}
奶牛	kg氨/（头·年）	FD_{k2}
肉牛	kg氨/头	FD_{k3}
蛋鸡	kg氨/（羽·年）	FD_{k4}
肉鸡	kg氨/羽	FD_{k5}

根据《第二次全国污染源普查报表制度》N202表指标一的普查结果，该县畜禽养殖情况见表4.9。

表4.9 ××省××市××县养殖户养殖量

畜禽种类	单位	养殖量
生猪	万头/年	a
奶牛	万头	b
肉牛	万头/年	c
蛋鸡	万羽	d
肉鸡	万羽/年	e

根据养殖户氨排放量核算公式计算：

氨排放量（万kg氨）=（$a\times FD_{k1}+b\times FD_{k2}+c\times FD_{k3}+d\times FD_{k4}+e\times FD_{k5}$）

4.2.3 县（区）总量

$$PQ=\sum_{i}^{n}P_i+\sum_{k}^{5}N_k\times FD_k\times 10 \tag{4.3}$$

式中，PQ ——县（区）畜禽养殖氨排放量，t氨/年；

P_i ——县（区）第i规模养殖场年度氨排放量，t氨/年；

N_k ——县（区）养殖户第 k 类畜禽年均存（出）栏量，其中生猪、肉牛、肉鸡为普查年度全部出栏量，万头（羽）/年，奶牛、蛋鸡为普查年度平均存栏量，万头（羽）；

FD_k——县（区）养殖户第 k 类畜禽氨排放系数，生猪、肉牛、肉鸡为 kg 氨/头（羽），奶牛、蛋鸡为 kg 氨/头（羽）·年。

第 5 章

质量控制方法

畜禽养殖氨排放监测与系数研究的质量控制主要包括监测质量控制、系数率定质量控制与核算质量控制（图 5.1）。分别从监测规范性、系数可行性、核算准确性三个方面对研究结果进行质量控制，确保研究结果的准确性与规范性。

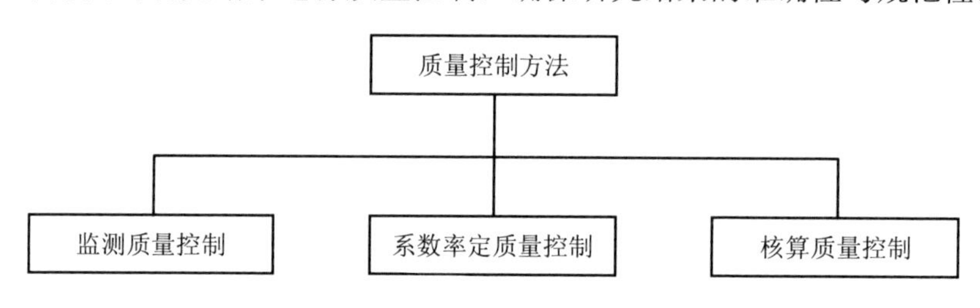

图 5.1　质量控制技术路线

5.1　监测质量控制

监测工作是科学、准确核算氨排放量的重要基础，实施严格的质量控制和监督，落实机构及人员的职责，发现质量问题需及时反馈、纠正，防止错误或偏离扩散而导致数据不可信具有重要作用。监测质量保证和质量控制必须贯穿环境监测的全过程，即布点、采样、运贮、分析测试、数据处理、外部质量控制等环节。各个环节与监测数据质量目标的影响关系见表 5.1。

表 5.1　各环节对监测数据质量目标的影响

监测环节	主要控制因素	主要影响目标
布点系统	监测点位与点数	代表性、可比性、完整性
采样系统	（1）采样空白与平行样 （2）采样仪器技术与方法 （3）监测人员素质及质量控制	准确度、代表性、可比性、完整性
运贮系统	（1）样品的运输 （2）样品的保存	准确度
分析测试系统	（1）样品的预处理 （2）分析方法准确度、精密度、检测范围控制 （3）分析人员素质及实验室的质量控制	精密度、准确度、可比性、完整性
数据处理系统	（1）数据整理、处理及精度检验 （2）数据分布、分类管理制度的控制	准确度、可比性、完整性
外部质量控制	（1）实验室外部质量控制 （2）复测点同步质控监测	准确度、可比性

5.1.1　布点系统

5.1.1.1　封闭式圈舍

排风口采样点：排气窗面积小于 0.5 m^2，流速分布比较均匀，可取断面中心作为采样点。排气窗面积为 0.5～1 m^2，将排气窗面左右分成等面积 2 小块，各小块中心即为采样点位置，即布设 2 个采样点。排气窗面积大于 1 m^2，将排气窗面分成等面积 4 小块（田字格状），各小块中心即为采样点位置，即布设 4 个采样点。采样点与窗口平面的水平距离为 10 cm。

进风口采样点：将进风装置外部断面中心点作为采样点，即 1 个采样点；采样点与进风口装置平面的水平距离为 10 cm。

环境空气质量背景采样点：在厂区内常年盛行风向为上风向的空旷地带（半径 15 m 内无圈舍和粪污处理设施），高为 1.5 m 处设置 1 个采样点。

5.1.1.2　开放式圈舍

内部采样点：在圈舍内部两条对角线的四等分点处设立气体产生采样点 4 个。气体采集高度为动物呼吸位置距地面高度，猪舍气体采集高度为离地面 30 cm，对应猪呼吸位置；牛舍气体采集高度为离地面 80～100 cm，对应牛呼吸位置；鸡舍气体采集高度为高架鸡笼高度中心偏下位置。

外部采样点：在距离圈舍 5 m、高度为 1.5 m 处设立采样点。

环境空气质量背景监测点：在厂区内常年盛行风向为上风向的空旷地带（半径 15 m 内无圈舍和粪污处理设施），高为 1.5 m 处设置 1 个采样点。

5.1.1.3 液态粪污、固态粪污处理设施

液态暴露源采样点：根据液态暴露源面积置采样点数量，10～100 m^2、100～1 000 m^2、1 000 m^2 设置采样点个数分别为 1 个、1～2 个、3～4 个。采样点应避开处理设施的进水口和出水口，在暴露范围内相对均匀布设。

固态暴露源采样点：在堆场内，选择处于堆肥初始阶段、高温发酵阶段和低温腐熟保肥阶段的堆垛分别设置 1 个采样点。

环境空气质量背景采样点：在厂区内常年盛行风为上风向的空旷地带（半径 15 m 内无禽舍和粪污处理设施），高为 1.5 m 处设置 1 个采样点。

5.1.2 采样系统

5.1.2.1 采样人员

承担现场采样者必须参加畜禽养殖氨排放率定监测技术培训且考核合格；经过专项培训，掌握监测方案中推荐的采样方法及其质控要求；熟悉监测方法中涉及的仪器设备的性能和操作规程，并能独立正确使用该仪器设备；能实事求是地做好采样记录，保证数据的可溯源性。

5.1.2.2 采样空白

采样全程空白，用于检查样品采集、运输、贮存过程中样品是否被污染。如果采样全空白明显高于同批配制的吸收液空白，则同批次采集的样品作废，重新采集。每批留 10%不采样，采样结束后和其他采集了实际样品的采样材料一起送交实验室分析，作为全程序空白样品。

5.1.2.3 平行样

封闭式圈舍排风口，排气窗面积小于 0.5 m^2 时，取断面中心作为采样点；排气窗面积为 0.5～1 m^2 时，布设 2 个采样点；排气窗面积大于 1 m^2 时，布设 4 个采样点。对于进风口和背景点来说，各布设 1 个采样点即可，每个采样点采集的气体样品设置 2 个平行样。开放式圈舍室内监测点、室外监测点与背景点每个采

样点采集的气体样品设置 2 个平行样。粪污设施在各采样点设置 2 个平行样。当用两台采样器做平行采样时，应保持一定距离，以防止相互干扰。

5.1.2.4　现场质控样品结果评价

全程序空白样品检测结果应小于分析方法检出限；现场平行样品两个测定结果应在规定的允许偏差范围内，此时最终结果以平均值报出；如测定结果超出规定允许偏差的范围，在样品允许保存期限内，再加测一次，监测结果取相对偏差符合质控指标的两个监测值的平均值，否则该批次监测数据失控，应重测。

5.1.2.5　采样质量控制

每次采样前，应对采样系统的气密性进行认真检查，确认无漏气现象后方可进行采样。开启采样泵前，确认采样系统的连接正确，采样泵的进气口端通过干燥管或缓冲管与采样管的出气口相连，如果接反会导致酸性吸收液倒吸，污染和损坏仪器。一旦出现倒吸的情况，应及时将流量计拆下来，用酒精清洗、干燥，并重新安装，经流量校准合格后方可继续使用。

应使用经计量检定单位检定合格的采样器。使用前必须经过流量校准，流量误差应不大于 5%；采样时流量应稳定。

采样应在无雨、无雪的天气条件下进行，否则应停止测量。

对监测养殖场、圈舍和现场采集数据进行记录，填写记录表（表 5.2～表 5.10）。

5.1.2.6　采样仪器的管理与定期检查

采样器具的要求应符合《环境空气质量手工监测技术规范》（HJ/T 194—2005）的相关规定。大气采样仪按照《计量法》的规定，定期送法定计量检定机构检定，检定合格后在日常使用计量器具的过程中，参考有关计量检定规程定期进行检定和维护。

采样瓶须清洗干净、烘干，并应定期对吸收瓶抽检，每批抽取 5%的吸收瓶检测其是否含有待测物质，若有检出，则视为该批吸收瓶清洗不合格。查找产生污染的原因，纠正后再次抽测，直至合格为止。每批抽检数量不得少于 5 瓶。

表 5.2　封闭式圈舍监测养殖场基本信息现场记录样表示例

日期________　　监测点名称 ____________　　记录人________

<table>
<tr><td rowspan="3">养殖场</td><td>养殖场名称</td><td colspan="2"></td><td>养殖场地址</td><td></td><td>养殖类型</td><td colspan="2"></td></tr>
<tr><td rowspan="2">养殖量</td><td>年出栏量</td><td>头/羽</td><td></td><td rowspan="2">养殖场位置</td><td>经度</td><td colspan="2"></td></tr>
<tr><td>现存栏量</td><td>头/羽</td><td></td><td>纬度</td><td colspan="2"></td></tr>
<tr><td rowspan="5">圈舍</td><td>清粪方式</td><td></td><td>圈舍通风方式</td><td></td><td>粪污处理方式</td><td></td><td>固态粪污暴露点</td><td></td></tr>
<tr><td rowspan="2">入舍日期</td><td>年　月　日</td><td rowspan="2">生长日龄</td><td>天</td><td rowspan="2">个体平均体重</td><td>kg</td><td rowspan="2">个体平均日食量</td><td>kg</td></tr>
<tr><td></td><td></td><td></td><td></td></tr>
<tr><td rowspan="2">圈舍养殖量</td><td>头/羽</td><td rowspan="2">监测时间</td><td>开始</td><td></td><td rowspan="2">液态粪污暴露点</td><td>面积</td><td></td></tr>
<tr><td></td><td>结束</td><td></td><td>深度</td><td></td></tr>
</table>

表 5.3　封闭式圈舍气象要素现场记录样表

日期		背景				出风口 1				进风口 2			
	时间段	气温	大气压	湿度	风速	气温	大气压	湿度	风速	气温	大气压	湿度	风速
1	0:00—4:00												
2	4:00—8:00												
3	8:00—12:00												
4	12:00—16:00												
5	16:00—20:00												
6	20:00—24:00												
1	0:00—4:00												
2	4:00—8:00												
3	8:00—12:00												
4	12:00—16:00												
5	16:00—20:00												
6	20:00—24:00												
1	0:00—4:00												
2	4:00—8:00												
3	8:00—12:00												
4	12:00—16:00												
5	16:00—20:00												
6	20:00—24:00												

表 5.4 封闭式圈舍氨气现场采样记录样表

日期________ 监测点________ 记录人________

时间段	位置	采样时间		开窗时间/min	开窗面积/m^2	样品号		气温/℃	大气压/hPa	采样流量/（L/min）	采样体积/L	天气状况
		开始	结束									
0:00—4:00	背景											
	出风 1											
	进风 2											
4:00—8:00	背景											
	出风 1											
	进风 2											
8:00—12:00	背景											
	出风 1											
	进风 2											

时间段	位置	采样时间		开窗时间/min	开窗面积/m^2	样品号	气温/℃	大气压/hPa	采样流量/（L/min）	采样体积/L	天气状况
		开始	结束								
12:00—16:00	背景										
	出风 1										
	进风 2										
16:00—20:00	背景										
	出风 1										
	进风 2										
20:00—24:00	背景										
	出风 1										
	进风 2										

时间段	位置	采样时间		开窗时间/min	开窗面积/m^2	样品号		气温/℃	大气压/hPa	采样流量/（L/min）	采样体积/L	天气状况
		开始	结束									
0:00—4:00	背景											
	出风 1											
	进风 2											
4:00—8:00	背景											
	出风 1											
	进风 2											
8:00—12:00	背景											
	出风 1											
	进风 2											

时间段	位置	采样时间		开窗时间/min	开窗面积/m^2	样品号	气温/℃	大气压/hPa	采样流量/（L/min）	采样体积/L	天气状况
		开始	结束								
12:00—16:00	背景										
	出风 1										
	进风 2										
16:00—20:00	背景										
	出风 1										
	进风 2										
20:00—24:00	背景										
	出风 1										
	进风 2										

时间段	位置	采样时间		开窗时间/min	开窗面积/m²	样品号		气温/℃	大气压/hPa	采样流量/（L/min）	采样体积/L	天气状况
		开始	结束									
0:00—4:00	背景											
	出风 1											
	进风 2											
4:00—8:00	背景											
	出风 1											
	进风 2											
8:00—12:00	背景											
	出风 1											
	进风 2											

时间段	位置	采样时间		开窗时间/min	开窗面积/m^2	样品号	气温/℃	大气压/hPa	采样流量/（L/min）	采样体积/L	天气状况
		开始	结束								
12:00—16:00	背景										
	出风 1										
	进风 2										
16:00—20:00	背景										
	出风 1										
	进风 2										
20:00—24:00	背景										
	出风 1										
	进风 2										

表 5.5　开放式圈舍基本信息现场记录表

日期________　监测点名称 __________　记录人________

<table>
<tr><td rowspan="3">养殖场</td><td>养殖场名称</td><td colspan="2"></td><td>养殖场地址</td><td></td><td>养殖类型</td><td colspan="2"></td></tr>
<tr><td rowspan="2">养殖量</td><td>年出栏量</td><td>头/羽</td><td></td><td rowspan="2">养殖场位置</td><td>经度</td><td colspan="2"></td></tr>
<tr><td>现存栏量</td><td>头/羽</td><td></td><td>纬度</td><td colspan="2"></td></tr>
<tr><td rowspan="5">圈舍</td><td>清粪方式</td><td></td><td>圈舍通风方式</td><td></td><td>粪污处理方式</td><td></td><td>固态粪污暴露点</td><td></td></tr>
<tr><td rowspan="2">入舍日期</td><td>年　月　日</td><td rowspan="2">生长
日龄</td><td>天</td><td rowspan="2">个体平均体重</td><td>kg</td><td rowspan="2">个体平均日食量</td><td>kg</td></tr>
<tr><td></td><td></td><td></td><td></td></tr>
<tr><td rowspan="2">圈舍养殖量</td><td>头/羽</td><td rowspan="2">监测时间</td><td>开始</td><td></td><td rowspan="2">液态粪污暴露点</td><td>面积</td><td></td></tr>
<tr><td></td><td>结束</td><td></td><td>深度</td><td></td></tr>
</table>

表 5.6　开放式圈舍气象要素现场记录表

日期	时间段	背景				内部监测点 1				内部监测点 2				内部检测点 3				内部检测点 4				外部监测点			
		气温	大气压	湿度	风速	气温	大气压	湿度	风速	气温	大气压	湿度	风速	气温	大气压	湿度	风速	气温	大气压	湿度	风速	气温	大气压	湿度	风速
1	0:00—3:00																								
2	3:00—6:00																								
3	6:00—9:00																								
4	9:00—12:00																								
5	12:00—15:00																								
6	15:00—18:00																								
7	18:00—21:00																								
8	21:00—24:00																								

日期	时间段	背景				内部监测点1				内部监测点2				内部检测点3				内部检测点4				外部监测点			
		气温	大气压	湿度	风速	气温	大气压	湿度	风速	气温	大气压	湿度	风速	气温	大气压	湿度	风速	气温	大气压	湿度	风速	气温	大气压	湿度	风速
1	0:00—3:00																								
2	3:00—6:00																								
3	6:00—9:00																								
4	9:00—12:00																								
5	12:00—15:00																								
6	15:00—18:00																								
7	18:00—21:00																								
8	21:00—24:00																								

日期	时间段	背景				内部监测点1				内部监测点2				内部检测点3				内部检测点4				外部监测点			
		气温	大气压	湿度	风速	气温	大气压	湿度	风速	气温	大气压	湿度	风速	气温	大气压	湿度	风速	气温	大气压	湿度	风速	气温	大气压	湿度	风速
1	0:00—3:00																								
2	3:00—6:00																								
3	6:00—9:00																								
4	9:00—12:00																								
5	12:00—15:00																								
6	15:00—18:00																								
7	18:00—21:00																								
8	21:00—24:00																								

表 5.7　开放式圈舍氨现场采样记录表

日期________监测点__________　记录人________

时间段	位置	采样时间		样品号	气温/℃	大气压/hPa	采样流量/（L/min）	采样体积/L	天气状况
		开始	结束						
0:00—3:00	背景								
	内部 1								
	内部 2								
	内部 3								
	内部 4								
	外部								
3:00—6:00	背景								
	内部 1								
	内部 2								
	内部 3								
	内部 4								
	外部								

时间段	位置	采样时间		样品号	气温/℃	大气压/hPa	采样流量/（L/min）	采样体积/L	天气状况
		开始	结束						
6:00—9:00	背景								
	内部 1								
	内部 2								
	内部 3								
	内部 4								
	外部								
9:00—12:00	背景								
	内部 1								
	内部 2								
	内部 3								
	内部 4								
	外部								

时间段	位置	采样时间		样品号		气温/℃	大气压/hPa	采样流量/（L/min）	采样体积/L	天气状况
		开始	结束							
12:00—15:00	背景									
	内部 1									
	内部 2									
	内部 3									
	内部 4									
	外部									
15:00—18:00	背景									
	内部 1									
	内部 2									
	内部 3									
	内部 4									
	外部									

时间段	位置	采样时间		样品号	气温/℃	大气压/hPa	采样流量/（L/min）	采样体积/L	天气状况
		开始	结束						
18:00—21:00	背景								
	内部 1								
	内部 2								
	内部 3								
	内部 4								
	外部								
21:00—24:00	背景								
	内部 1								
	内部 2								
	内部 3								
	内部 4								
	外部								

表 5.8 粪污监测养殖场基本信息现场记录样表

日期________ 监测点名称 ____________ 记录人___________

<table>
<tr><td rowspan="3">养殖场</td><td>养殖场名称</td><td colspan="2"></td><td>养殖场地址</td><td></td><td>养殖类型</td><td colspan="2"></td></tr>
<tr><td rowspan="2">养殖量</td><td>年出栏量</td><td>头/羽</td><td></td><td rowspan="2">养殖场位置</td><td>经度</td><td colspan="2"></td></tr>
<tr><td>现存栏量</td><td>头/羽</td><td></td><td>纬度</td><td colspan="2"></td></tr>
<tr><td rowspan="5">圈舍</td><td>清粪方式</td><td></td><td>圈舍通风方式</td><td></td><td>粪污处理方式</td><td></td><td>固态粪污暴露点</td><td></td></tr>
<tr><td rowspan="2">入舍日期</td><td>年 月 日</td><td rowspan="2">生长日龄</td><td>天</td><td rowspan="2">个体平均体重</td><td>kg</td><td rowspan="2">个体平均日食量</td><td>kg</td></tr>
<tr><td></td><td></td><td></td><td></td></tr>
<tr><td rowspan="2">圈舍养殖量</td><td>头/羽</td><td rowspan="2">监测时间</td><td>开始</td><td></td><td rowspan="2">液态粪污暴露点</td><td>面积</td><td></td></tr>
<tr><td></td><td>结束</td><td></td><td>深度</td><td></td></tr>
</table>

表 5.9　粪污处理设施气象要素现场记录样表

日期	时间段	背景				出风口 1				进风口 2			
		气温	大气压	湿度	风速	气温	大气压	湿度	风速	气温	大气压	湿度	风速
1	0:00—4:00												
2	4:00—8:00												
3	8:00—12:00												
4	12:00—16:00												
5	16:00—20:00												
6	20:00—24:00												
1	0:00—4:00												
2	4:00—8:00												
3	8:00—12:00												
4	12:00—16:00												
5	16:00—20:00												
6	20:00—24:00												
1	0:00—4:00												
2	4:00—8:00												
3	8:00—12:00												
4	12:00—16:00												
5	16:00—20:00												
6	20:00—24:00												

表 5.10 粪污处理设施氨现场采样记录样表

日期__________监测点____________ 记录人_________

时间段	位置	采样时间		开窗时间/min	开窗面积/m^2	样品号	气温/℃	大气压/hPa	采样流量/（L/min）	采样体积/L	天气状况
		开始	结束								
0:00—4:00	背景										
	出风 1										
	进风 2										
4:00—8:00	背景										
	出风 1										
	进风 2										
8:00—12:00	背景										
	出风 1										
	进风 2										

时间段	位置	采样时间		开窗时间/min	开窗面积/m^2	样品号	气温/℃	大气压/hPa	采样流量/（L/min）	采样体积/L	天气状况
		开始	结束								
12:00—16:00	背景										
	出风 1										
	进风 2										
16:00—20:00	背景										
	出风 1										
	进风 2										
20:00—24:00	背景										
	出风 1										
	进风 2										

时间段	位置	采样时间		开窗时间/min	开窗面积/m^2	样品号	气温/℃	大气压/hPa	采样流量/（L/min）	采样体积/L	天气状况
		开始	结束								
0:00—4:00	背景										
	出风 1										
	进风 2										
4:00—8:00	背景										
	出风 1										
	进风 2										
8:00—12:00	背景										
	出风 1										
	进风 2										

时间段	位置	采样时间		开窗时间/min	开窗面积/m²	样品号	气温/℃	大气压/hPa	采样流量/（L/min）	采样体积/L	天气状况
		开始	结束								
12:00—16:00	背景										
	出风1										
	进风2										
16:00—20:00	背景										
	出风1										
	进风2										
20:00—24:00	背景										
	出风1										
	进风2										

时间段	位置	采样时间		开窗时间/min	开窗面积/m^2	样品号	气温/℃	大气压/hPa	采样流量/（L/min）	采样体积/L	天气状况
		开始	结束								
0:00—4:00	背景										
	出风 1										
	进风 2										
4:00—8:00	背景										
	出风 1										
	进风 2										
8:00—12:00	背景										
	出风 1										
	进风 2										

时间段	位置	采样时间		开窗时间/min	开窗面积/m^2	样品号	气温/℃	大气压/hPa	采样流量/（L/min）	采样体积/L	天气状况
		开始	结束								
12:00—16:00	背景										
	出风1										
	进风2										
16:00—20:00	背景										
	出风1										
	进风2										
20:00—24:00	背景										
	出风1										
	进风2										

5.1.3　运贮系统

5.1.3.1　样品运输

现场采样结束后，及时清点样品的数量、类型和检查样品编号，核对是否与现场采样计划相符。为避免吸收管中的吸收液被污染，运输过程中勿将吸收瓶倾斜或倒置，并及时更换吸收管的密封接头。低温、避光将样品运回实验室以待分析。

样品交接时，将采样计划连同样品一同交给样品管理员，填好样品流转单，流转单上写明样品编号、接样日期、样品数量、冷藏条件、保存期限等。双方确定无误后在流转单上签字，见表 5.11。

表 5.11　样品检测通知单及样品交接单记录样表

序号	样品编号	接样日期	样品数量	样品检测任务通知确认/接收人签字		受检样品确认/接收人签字		冷藏条件	保存期限	备注
				日期	签字	日期	签字			
1										
2										
3										
4										
5										
6										
7										
8										
9										
10										

5.1.3.2　样品保存

取样后应尽快分析，以防止吸收空气中的氨。若不能立即分析，2～5℃可保存 7 天。为避免吸收管中的吸收液被污染，保存过程中勿将吸收瓶倾斜或倒置，并及时更换吸收管的密封接头。

5.1.4　分析测试系统

5.1.4.1　检测人员

进行全程序空白值测定，分析方法的检出浓度测定，标准曲线的绘制，方法的精密度、准确度及干扰因素等专项培训；经过专项培训，掌握实施方案中推荐的分析方法及其质控要求；熟悉分析方法中涉及的仪器设备的性能和操作规程，并能独立正确使用该仪器设备；实事求是地做好样品分析检测记录，保证数据的可溯源性；熟悉各类样品测定过程中的质控措施及其评价要求。

5.1.4.2　实验室样品管理控制

样品编号和发放。样品接收后，应转换为实验室对外委托样品的正式编号，样品现场编号和实验室编号之间只能进行一次转换，且为唯一性标识；所有样品应按外部委托样品同等对待，按本实验室规定的流程进行样品传递。

5.1.4.3　分析方法使用的质量控制

（1）分析方法。优先选择《第二次全国污染源普查（农业源）实施方案》中推荐的分析方法，即《环境空气和废气　氨的测定　次氯酸-水杨酸分光光度法》（HJ 534—2009）分析氨气。对于第一次使用上述分析方法的实验室，应编制并提交质量控制方案、方法的作业指导书、方法验证报告及原始记录。如果分析方法有所变更，应由项目承担单位将方法提交总体技术组审核后方能使用，且保证所采用的分析方法可在其他实验室进行重复。对于所使用的非标方法或者国外方法（如美国 EPA 方法）应同期提交作业指导书和方法验证报告。

（2）样品的前处理。对于清洁吸收液，直接取 50 mL，按与校准曲线相同的步骤测量吸光度。对于有悬浮物或色度干扰的吸收液取经预处理的水样 50 mL（若水样中氨氮质量浓度超过 2 mg/L，可适当少取水样体积进行稀释），按与校准曲线相同的步骤测量吸光度。

（3）校准曲线或标准检查点。应于每次分析样品时同步制作校准曲线，对于校准曲线的斜率较为稳定的分析方法，可采取以下措施确定是否重新制作标准曲线：在样品分析的同时，测定两份校准曲线中的高低浓度点及空白溶液，将各测定值取平均，再用标样测定浓度均值减去空白均值后，与原校准曲线的相同浓度点校核，相对偏差均须＜5%，原曲线可以使用，否则，必须重新制作校准曲线；校准曲线回归方程的相关系数应符合所使用的分析方法规定的要求；校准曲线的相对响应因子的相对标准偏差值应符合所使用的分析方法规定的要求；校准曲线只能在其线性范围内使用，不能在高浓度端任意外推。如测定值超过了曲线范围，应将待测样品浓缩或者稀释至中间浓度后再进行检测；每 20 个样品增加一个标准曲线中间浓度点的分析，用作校准曲线的核查，如不符合要求需重新绘制标准曲线。

5.1.4.4　试剂、器具、仪器设备的性能评价和维护管理

实验室检测关键用品和试剂选用同一品牌和级别；实验标准（溯源标准）采用国内或国际认证的标准物质，并制定详细的配置、储存作业指导书；样品分析所使用的器皿按照相关方法要求进行洗涤处理，保证空白实验结果满足方法空白要求。

凡属应强制性检定的计量器具，如分光光度计、天平等按照《计量法》的规定，定期送法定计量检定机构检定，检定合格后使用。计量器具在日常使用过程中，参考有关计量检定规程定期进行检定和维护。

5.1.4.5　测定结果可信度的评价

（1）空白实验。空白值是指以实验用水代替样品，其他分析步骤及使用试液与样品测定完全相同的操作过程所测得的值。空白值的测定方法为每批样品做一个空白实验，平行双样测定，取平均值。影响空白值的因素为实验用水的质量、试剂的纯度、器皿的洁净程度、计量仪器的性能及环境条件等。一个实验室在严格的操作条件下，对某个分析方法的空白值通常在很小的范围内波动。若发现空白值数据异常，则应仔细检查原因，以消除空白值异常的因素

（2）方法检出限。当吸收液总体积为 10 mL，采样体积为 1～4 L 时，氨的检出限为 0.025 mg/m^3，测定下限为 0.10 mg/m^3，测定上限为 12 mg/m^3。

（3）平行样测定。每个样品做一份平行双样。测定的平行双样允许差符合规定质控指标的样品，最终结果以双样测试结果的平均值报出。若平行双样测试结果超出规定允许偏差，在样品允许保存期内，再加测一次，取相对偏差符合规定质控指标的两个测定值报出。

5.1.5 数据处理系统

5.1.5.1 数据处理人员

实验室数据处理人员需经过专项培训，熟悉数据处理分析规范，掌握数据处理方法及其质控要求。

5.1.5.2 有效数字及数值修约

数值修约和计算按照《数值修约规则与极限数值的表示和判定》（GB/T 8170—2008）和相关环境监测分析方法标准的要求执行。记录测定数值时，应同时考虑计量器具的精密度、准确度和读数误差。对检定合格的计量器具，有效数字位数可以记录到最小分度值，最多保留一位不确定数字。精密度一般只取1～2位有效数字。校准曲线相关系数只舍不入，保留到小数点后第一个非9数字。

5.1.5.3 异常值的判断和处理

异常值的判断和处理执行《数据的统计处理和解释正态样本异常值的判断和处理》（GB/T 4883—85）。出现异常高值时，应查找原因，原因不明的异常高值不应随意剔除。不同分析人员采用同一分析方法、在同样的条件下对同一样品进行测定，比对结果应达到相应的质量控制要求。

5.1.5.4 数据记录

在实验过程中实时记录相关实验数据，如稀释倍数、吸光度等，后筛选出有效数据进行处理，得出最终的样品浓度，见表5.12。

5.1.5.5 数据校核

应对原始数据和拷贝数据进行校核。对可疑数据，应与样品分析的原始记录进行校核。监测/分析原始记录应有监测人员和校核人员的签名。监测/分析人员负责填写原始记录；校核人员应检查数据记录是否完整、抄写或录入计算机时是否有误、数据是否异常等，并考虑监测方法、监测条件、数据的有效位数、数据计算和处理过程、法定计量单位和质量控制数据等因素。

5.1.5.6 分析结果的表示

分析结果应采用法定计量单位。平行样的测定结果在允许偏差范围内时，用其平均值报告测定结果。分析结果低于方法检出限时，用“ND”表示，并注明“ND”表示未检出，同时给出方法检出限值。需要时，应给出监测结果的不确定度范围。

表 5.12 样品氨氮测定分析记录表（次氯酸钠-水杨酸分光光度法）

日期：____年____月____日　　监测点：__________　　实验室温度：__________　　实验室湿度：__________

测定波长：____________________　　记录人：____________________　　分析校核人员：____________________

序号	样品编号	采样体积/L	采样温度/℃	采样气压/kPa	取样体积/mL	溶液体积/mL	空白吸光度	样品吸光度	样品浓度/（mg/m³）

5.1.6 外部质量控制

5.1.6.1 实验室外部质量控制

将一定数量的外部质量控制考核样品统一编号后，提供给系数监测承担单位实验室，要求参加考核的实验室采用与系数率定工作样品检测相同的分析方法和程序对外部质控及能力验证考核样品进行实验室分析。考核样品可以直接采用有证标准物质，分析结果应落在有证标准物质给定的不确定范围内。总体质控组确定实施外部质量控制考核项目和频次。

各参加考核的实验室需在规定的时间内将数据上报，由其负责进行结果统计分析并编写外部质控报告。当发现分析结果有显著性差异时，应与相关实验室一同查找产生偏差的原因，并进行改进。

5.1.6.2 复测点同步质控监测

通过质控复测，现场核对监测养殖场的选取、采样点布设是否与实施方案选择的点位一致，是否具备代表性和合理性；核查现场监测采样工作是否符合监测技术规范及质控技术规范要求，通过开展同步监测比对，保证氨排放系数监测的准确性。复测点选取按5类畜种、养殖规模（规模化与养殖户）与主要养殖模式、全国主体气候分区全覆盖（温湿度段）、权威监测方法全比较的原则，复测监测点系数常规监测点（系数率定关系架构）20%以上。

5.2 系数率定质量控制

梳理国内外氨排放系数结果，分析模型清单类系数特征，识别国内外实测系数的主要测定模式与方法，辨析已有系数和普查实测系数的差异性，对标普查系数进行标准化处理，与本次普查系数结果的范围与正态分布情况对比，对系数进行校核验证。通过一定数量的实测点获取氨排放系数与本次普查系数进行校核普查系数的准确性，验证实现5类畜种、主要养殖模式、全国主体气候分区全覆盖、权威监测方法全比较（图5.2）。

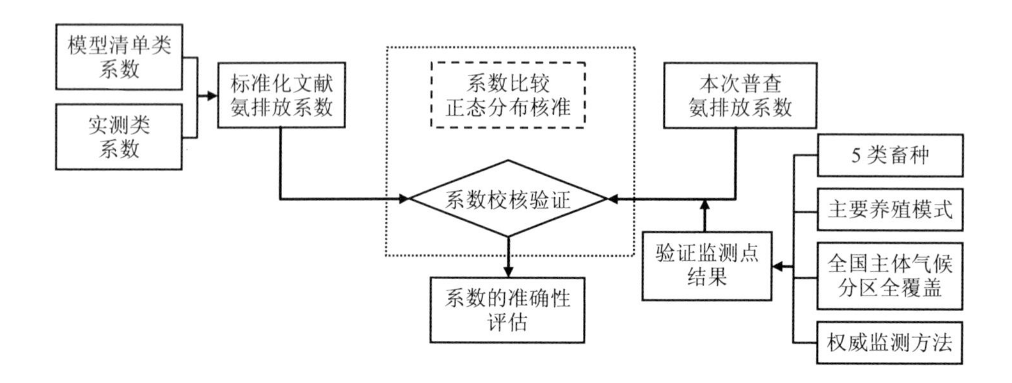

图 5.2 系数率定质量控制思路

5.2.1 国内外文献系数校核

5.2.1.1 文献氨排放系数梳理

依据全面性和代表性原则，针对文献中使用的两类氨排放系数，即模型清单类和实测类氨排放系数进行系统梳理。针对模型清单类系数，着重涵盖国内研究成果，部分结果见表 5.13。针对实测类氨排放系数，应涵盖氨排放测定的主要方法，圈舍有示踪气体法、通量法、CO_2 平衡法等，粪污处理设施有静态箱法和动态箱法，同时梳理监测畜种的养殖模式、畜种生长阶段、环境条件、监测季节，部分结果见表 5.14 和表 5.15。

表 5.13 模型清单类文献氨排放总系数汇总 单位：kg/［头（羽）·年］

<table>
<tr><th>文献（年份）</th><th>生猪</th><th>奶牛</th><th>肉牛</th><th>蛋鸡</th><th>肉鸡</th><th>区域/国家</th></tr>
<tr><td>夏阳等[94]（2018）</td><td>√</td><td></td><td></td><td></td><td></td><td>杭州</td></tr>
<tr><td>杨新明等[95]（2018）</td><td>√</td><td colspan="2">√</td><td></td><td></td><td>—</td></tr>
<tr><td>沈丽等[96]（2018）</td><td>√</td><td>√</td><td>√</td><td></td><td>√</td><td>江苏</td></tr>
<tr><td>程龙等[97]（2018）</td><td>√</td><td>√</td><td>√</td><td>√</td><td></td><td>京津冀</td></tr>
<tr><td>张双等[83]（2016）</td><td></td><td>√</td><td>√</td><td>√</td><td>√</td><td>北京</td></tr>
<tr><td>刘春蕾等[98]（2016）</td><td>√</td><td>√</td><td></td><td>√</td><td>√</td><td>江苏</td></tr>
<tr><td>房效凤等[80]（2015）</td><td>√</td><td colspan="2">√</td><td>√</td><td></td><td>上海</td></tr>
<tr><td>潘涛等[99]（2015）</td><td>√</td><td>√</td><td>√</td><td>√</td><td>√</td><td>北京</td></tr>
<tr><td>冯小琼等[100]（2015）</td><td>√</td><td colspan="2">√</td><td>√</td><td>√</td><td>—</td></tr>
</table>

<table>
<tr><th>文献（年份）</th><th>生猪</th><th>奶牛</th><th>肉牛</th><th>蛋鸡</th><th>肉鸡</th><th>区域/国家</th></tr>
<tr><td>宣莹莹等[101]（2015）</td><td>√</td><td>√</td><td>√</td><td>√</td><td>√</td><td>太原</td></tr>
<tr><td>刘春蕾等[102]（2015）</td><td>√</td><td>√</td><td></td><td>√</td><td>√</td><td>南京</td></tr>
<tr><td>房效凤等[80]（2015）</td><td>√</td><td colspan="2">√</td><td></td><td></td><td>上海</td></tr>
<tr><td>张灿等[82]（2014）</td><td>√</td><td>√</td><td>√</td><td>√</td><td>√</td><td>重庆</td></tr>
<tr><td>沈兴玲等[103]（2014）</td><td>√</td><td>√</td><td>√</td><td>√</td><td>√</td><td>广东</td></tr>
<tr><td>王平[104]（2012）</td><td>√</td><td>√</td><td></td><td></td><td></td><td>南通</td></tr>
<tr><td>董文煊等[105]（2010）</td><td>√</td><td>√</td><td>√</td><td>√</td><td></td><td>中国</td></tr>
<tr><td>Zhang Y 等[106]（2010）</td><td>√</td><td>√</td><td></td><td>√</td><td>√</td><td>中国华北</td></tr>
<tr><td>董艳强等[107]（2009）</td><td>√</td><td colspan="2">√</td><td></td><td></td><td>苏浙沪</td></tr>
<tr><td>李富春等[108]（2009）</td><td>√</td><td colspan="2">√</td><td></td><td></td><td>川渝地区</td></tr>
<tr><td>刘东[88]（2008）</td><td>√</td><td></td><td></td><td></td><td></td><td>中国</td></tr>
<tr><td>杨志鹏[85]（2008）</td><td>√</td><td>√</td><td></td><td>√</td><td>√</td><td>中国</td></tr>
<tr><td>Zbigniew[109]（2001）</td><td>√</td><td>√</td><td>√</td><td>√</td><td>√</td><td>中国</td></tr>
<tr><td>孙庆瑞等[60]（1997）</td><td>√</td><td colspan="2">√</td><td></td><td></td><td>中国</td></tr>
<tr><td>王文兴[78]（1997）</td><td>√</td><td colspan="2">√</td><td></td><td></td><td>中国</td></tr>
<tr><td>Liu 等[110]（2011）</td><td>√</td><td></td><td></td><td></td><td></td><td>北美</td></tr>
<tr><td>Joshua 等[111]（2005）</td><td>√</td><td>√</td><td>√</td><td>√</td><td>√</td><td>美国</td></tr>
<tr><td>Liang Y 等[112]（2005）</td><td>√</td><td>√</td><td></td><td>√</td><td>√</td><td>美国</td></tr>
<tr><td>Battye 等[113]（2003）</td><td>√</td><td>√</td><td>√</td><td>√</td><td>√</td><td>美国</td></tr>
<tr><td>W P R 等[114]（2003）</td><td></td><td>√</td><td></td><td></td><td></td><td>美国</td></tr>
<tr><td>Aneja 等[115]（2003）</td><td>√</td><td>√</td><td></td><td>√</td><td>√</td><td>美国</td></tr>
<tr><td>Aardenne[116]（2002）</td><td>√</td><td></td><td></td><td></td><td></td><td>美国</td></tr>
<tr><td>USEPA</td><td></td><td>√</td><td>√</td><td></td><td></td><td>美国</td></tr>
<tr><td>欧盟 EEA[117]（2013）</td><td>√</td><td>√</td><td></td><td>√</td><td>√</td><td>欧洲</td></tr>
<tr><td>Van[118]（1998）</td><td></td><td>√</td><td>√</td><td></td><td>√</td><td>欧洲</td></tr>
<tr><td>Siefert 等[119]（1996）</td><td>√</td><td>√</td><td>√</td><td>√</td><td>√</td><td>欧洲</td></tr>
<tr><td>European[120]（1994）</td><td></td><td>√</td><td>√</td><td></td><td></td><td>西欧</td></tr>
<tr><td>Brussels[121]（1994）</td><td>√</td><td>√</td><td>√</td><td>√</td><td>√</td><td>西欧、中欧</td></tr>
<tr><td>A H A W[122]（1992）</td><td></td><td colspan="2">√</td><td></td><td></td><td>欧洲</td></tr>
<tr><td>A H A W[122]（1992）</td><td>√</td><td></td><td></td><td>√</td><td>√</td><td>欧洲</td></tr>
<tr><td>Apsimon[123]（1967）</td><td>√</td><td></td><td>√</td><td></td><td></td><td>欧洲</td></tr>
<tr><td>Buijsman（1987）</td><td></td><td>√</td><td>√</td><td>√</td><td>√</td><td>欧洲</td></tr>
<tr><td>RAINS-EU</td><td>√</td><td>√</td><td>√</td><td>√</td><td>√</td><td>欧洲</td></tr>
</table>

文献（年份）	生猪	奶牛	肉牛	蛋鸡	肉鸡	区域/国家
Bouwma[124]（1997）	√	√	√	√	√	全球
IIASA（2006）	√	√		√		亚洲
Zbigniew[109]（2001）	√	√		√		发展中国家
Hutchings[71]（2001）	√	√		√	√	丹麦
Misselbrook[125]（2000）		√	√	√	√	英国
McCulloch[126]（1998）	√					—
Bouwman[124]（1997）				√	√	发展中国家
Möller[127]（1989）	√		√			东德

表 5.14 规模化养殖实测类文献氨排放系数（圈舍）汇总 单位：g/（unit·d）

来源	畜禽种类	区域	监测时间	圈舍结构及粪污处理方式	实测方法
杨园园等[128]（2016）	荷斯坦奶牛	河北	春	干清粪开放式	反演式气体扩散模型开路式激光仪测氨气
			夏		
			秋		
			冬		
刘学军（2014）	育肥猪	北京	3—5 月	封闭式干清粪	热平衡通量核算法
			6—8 月	封闭式干清粪	通量核算法
			9—12 月	封闭式干清粪	通量核算法
			12—1 月	封闭式干清粪	通量核算法
张晓迪等[129]（2014）	白羽肉鸡				呼吸舱测定；TH100 热式气体质量流量计
孙斌等[130]（2014）	荷斯坦奶牛	新疆	春	干清粪封闭式	气体检测仪
			夏		
	荷斯坦泌乳牛		秋		
			冬		
周忠凯等[131]（2013）	白羽肉鸡	山东	8—10 月	干清粪	INNOVA1312 多功能气体分析仪；静压曲线

来源	畜禽种类	区域	监测时间	圈舍结构及粪污处理方式	实测方法
汪开英等[132]（2010）	育肥猪	杭州	8—12 月	干清粪	热压通风原理；氨气检测仪（CGD-I-NH_3 型）
Ning H 等[133]（2009）	育肥猪	北京	4 月	封闭式垫草垫料	INNOVA1312 型多气体分析仪测定
			9 月	封闭式垫草垫料	
Zhu[134]（2006）	育肥猪	北京	9—11 月	封闭式干清粪	—
			1 月	封闭式干清粪	—
朱志平等[65]（2006）	育肥猪	北京	5 月	干清粪开放式	CO_2 平衡法
			7 月		
			9 月		
			11 月		
			1 月		
			3 月		
Siefert 等[135]（2008）	肉鸡	美国	7 月	—	被动采样器；高斯扩散模型
Topper 等[136]（2006）	肉鸡	美国	—	—	静压差计算
Pescatore 等[137]（2005）	肉鸡	美国	—	—	电化学传感器
Yi Liang 等[112]（2005）	蛋鸡	美国	11—3 月	—	CO_2 平衡法
			3—6 月	—	
			6—9 月	—	
			9—11 月	—	
Lim 等[64]（2000）	育肥猪	美国	3—5 月	封闭式水泡粪	压强差核算通量
			6—9 月	封闭式水泡粪	
Rzeźnik 等[138]（2016）	奶牛	波兰	—	—	CO_2 平衡法
Keck 等[139]（2012）	奶牛	瑞士	—	干清粪开放式	两种示踪气体示踪比法
Ngwabie 等[51]（2011）	奶牛	瑞典	2—5 月	干清粪开放式	CO_2 平衡法
Pereira 等[55]（2010）	奶牛	葡萄牙	—	—	通量核算法
Ngwabie 等[140]（2009）	奶牛	丹麦	12 月	干清粪开放式	光声多气体分析仪 1412；多路复用器 1309
			1 月		
			2 月		
			3 月		
			5 月		

来源	畜禽种类	区域	监测时间	圈舍结构及粪污处理方式	实测方法
Philippe 等[141]（2006）	育肥猪	比利时	—	干清粪	红外光声检测
			—	垫草垫料	
Kavolelis[142]（2006）	奶牛	立陶宛	—	干清粪	通量核算法
Aarnink 等[143]（2006）	蛋鸡	荷兰	—	—	通风室技术
Aarnink 等[144]（1995）	育肥猪	荷兰	冬季	—	通风量核算法
			夏季	—	通风量核算法
			冬季	—	通风量核算法
Mendes 等[145]（2014）	肉鸡	巴西	—	自然通风	CO_2 平衡法
			—	机械通风	CO_2 平衡法
TGM D 等[146]（1999）		英国	—	—	CO_2 示踪气体示踪法
P.W.G.Groot Koerkamp 等[91]（1998）	肉鸡	英国	—	垫草垫料	CO_2 平衡法
	肉牛		—	垫草垫料	
	奶牛		—	垫草垫料	
	奶牛		—	干清粪	
	育肥猪		—	垫草垫料	
	育肥猪		—	干清粪	
	蛋鸡		—	高笼养殖	
	蛋鸡		—	笼养	
	肉鸡	荷兰	—	垫草垫料	
	肉牛		—	干清粪	
	奶牛		—	垫草垫料	
	奶牛		—	干清粪	
	育肥猪		—	干清粪	
	蛋鸡		—	高笼养殖	
	蛋鸡		—	笼养	
	肉鸡	丹麦	—	垫草垫料	
	肉牛		—	干清粪	
	奶牛		—	垫草垫料	
	奶牛		—	干清粪	
	育肥猪		—	垫草垫料	
	育肥猪		—	干清粪	
	蛋鸡		—	高笼养殖	
	蛋鸡		—	笼养	

来源	畜禽种类	区域	监测时间	圈舍结构及粪污处理方式	实测方法
Koerkamp P W G G 等[91]（1998）	肉鸡	德国	—	垫草垫料	CO_2 平衡法
	肉牛		—	垫草垫料	
	肉牛		—	干清粪	
	奶牛		—	垫草垫料	
	奶牛		—	干清粪	
	育肥猪		—	干清粪	
Wathes 等[147]（1997）	肉鸡	英国	—	—	—

表 5.15　养殖户实测类文献氨排放系数（粪污储存）汇总　单位：g/（unit·d）

来源	畜禽种类	区域	监测时间	粪污处理方式	实测方法
陈园[148]（2017）	生猪	上海	四季	堆肥发酵	电化学传感器；水平通量法
Hambaliou Baldé 等[149]（2018）	奶牛	加拿大	2013 年 6 月—2016 年 12 月	—	传感器

5.2.1.2　差异分析

模型法清单类系数是根据基于氮物质流方法的计算公式，是从氮循环的角度出发，考虑氮元素摄入—消化—排出全过程氮元素的形态以及在体内留存和排出的氮总量的分配情况，最终建立起氮含量与氨排放量的联系，计算得到单个（只）或单位质量某种畜禽的平均氨排放因子，该方法的核心是以 TAN 为核心的氨排放核算体系。在确定模型法清单类氨排放系数时，一项很重要的工作是对粪便的产生、储存、处理情况做出评估，畜禽舍内不同地面类型、垫料系统、粪便清运方式、储存方式、粪肥还田等粪污管理模式则是粪便产生后影响氨排放的主要因素，该方法通过对不同粪污管理模式赋予的氨氮—氨气转换系数，并给定各个管理阶段的所占比例，结合粪便产生量进而核算出单位畜禽粪污从产生到还田全流程的氨气释放量。使用者根据应用情景挑选参数进行计算，以获得氨排放系数。模型清单类最终给出的氨排放系数覆盖圈舍、储存到还田全流程各个阶段，为单位畜禽典型生长阶段每年氨排放综合系数，单位为 kg/［头（羽）·年］。这类研究文献忽略了畜禽养殖方式、育雏关系、养殖周期、粪便存储和处理方式、环境气候等对畜禽氨排放系数产生影响的因素。

实测类系数是针对某畜禽的具体养殖场的圈舍或粪污存储设施，在某个特定时段连续监测获取氨气浓度和通风量，获得单位畜禽的氨排放通量，以此为依据核算单位畜禽全年平均氨排放系数。该方法获取了监测对象对应的养殖模式、所处生长阶段的氨排放通量，对核算监测时段对应的氨排放通量有一定的意义，但大多未能针对具体的养殖模式开展整个生长阶段的系统监测，故具有突出的温度引起的氨排放系数差异，为消除此差异，得到不同畜禽标准化的年氨排放系数，只能提高不同温度下测得的氨排放系数的可比性。实测类未能兼顾生长阶段、养殖周期因素、育雏关系和环境因素等对系数的影响。

本次普查氨排放系数的边界尺度为养殖场，即圈舍、粪污储存两个阶段，不包括粪污还田阶段。本次普查运用通量法、CO_2 平衡法、动态箱法，选取了全国范围内典型规模化畜禽养殖场和养殖户开展系统监测，监测了不同温湿度条件下，各个生长阶段畜禽圈舍与粪污储存阶段氨排放浓度，构建了基于温度和湿度条件的氨排放响应关系初始模型，纳入畜禽生长阶段（如生猪、肉鸡、肉牛）、养殖周期、育雏关系（如生猪与母猪氨排放关系、产奶牛与育雏牛氨排放关系）等影响因素率定获得标准模型，各县（区）按匹配的温湿度段对应标准模型，代入畜禽养殖周期核算获得氨排放系数。

表 5.16　文献系数与普查系数比较

类型	模型清单类系数	实测类系数	本次普查氨排放系数
系数核算原理	总氨态氮（TAN）在不同粪污管理阶段分配	根据实测数据直接核算	根据监测数据，获取氨排放原始相应关系，经率定后得到各模式各温湿度段标准模型，各县（区）按匹配的温湿度段对应标准模型，代入畜禽养殖周期核算获得系数
系数结构	综合系数 （圈舍+存储+还田）	阶段系数，根据监测环节获得圈舍或存储阶段系数	阶段系数（圈舍及存储）
单位	kg/［头（羽）·年］	g/（unit·d）或 g/（头·d）	存栏畜禽：kg/［头（羽）·年］ 出栏畜禽：kg/头（羽）

类型	模型清单类系数	实测类系数	本次普查氨排放系数
养殖模式因素	未考虑具体养殖模式	针对监测养殖场的特定养殖模式	典型养殖模式
生长阶段因素	以典型生长阶段表征平准值	针对监测畜禽的实际生长阶段给定系数，未考虑生长阶段因素	通过生长阶段率定关系获取标准单位畜禽排放系数
养殖周期因素	给出每年氨排放综合系数，未考虑养殖周期因素	针对监测时段氨排放速率，直接核算获得年排放系数，未考虑养殖周期因素	通过养殖周期率定获得养殖周期小于 1 年畜种的整个生长阶段内的氨排放系数、养殖周期大于 1 年畜种的每年的氨排放系数
育雏关系因素	未考虑育雏关系	未考虑育雏关系	获取母猪与育肥猪、产奶牛与育雏牛数量关系与氨排放关系，为氨排放响应关系标准模型提供参数
环境因素	部分清单方法按温度段给定氨释放率	根据监测需要记录环境因素	依据温度与湿度主要环境因素，构建氨排放响应关系初始模型

5.2.1.3 系数标准化方法

模型清单类系数、实测类系数、本次普查氨排放系数在系数核算原理、系数结构、率定方法及影响因素方面均存在差异。为了便于校核，对标本次普查氨排放系数为标准，构建标准化方法，将模型清单类系数和实测类系数分别进行标准化率定。

（1）模型清单类系数

根据模型清单类系数与本次普查系数差异，通过氮排泄量修正，圈舍、粪污存储、粪污还田阶段分配系数、生长阶段率定对模型清单类系数进行标准化，本次普查系数通过将养殖周期换算到整年确保二者单位一致，如图 5.3 所示。

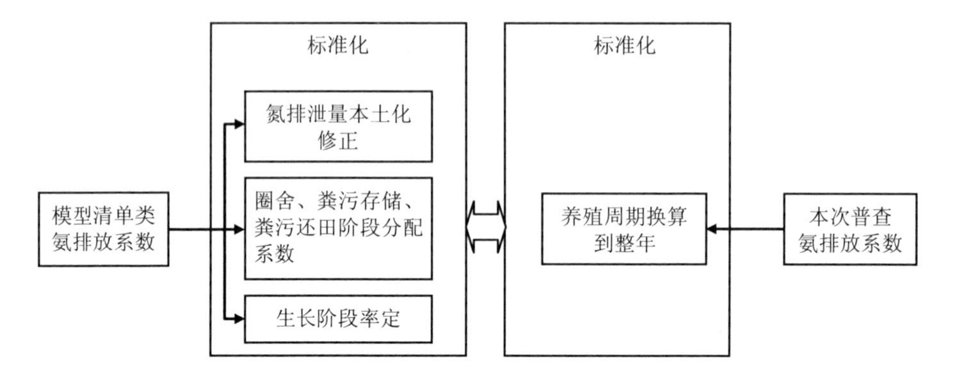

图 5.3 模型清单类系数标准化思路

模型清单类系数标准化具体公式如下：

$$E_{圈舍}=\frac{E_{畜禽}\times F_{圈舍}\times T}{365} \tag{5.1}$$

$$E_{液态粪污}=\frac{E_{畜禽}\times F_{液态粪污}\times T}{365} \tag{5.2}$$

$$E_{固态粪污}=\frac{E_{畜禽}\times F_{固态粪污}\times T}{365} \tag{5.3}$$

式中，$E_{圈舍}$ —— 标准化圈舍单位畜禽的氨排放系数，kg 氨/［头（羽）·年］（奶牛、蛋鸡），kg/头（羽）（生猪、肉牛、肉鸡）；

$E_{液态粪污}$ —— 标准化液态粪污处理设施单位畜禽的氨排放系数，kg 氨/［头（羽）·年］（奶牛、蛋鸡），kg/头（羽）（生猪、肉牛、肉鸡）；

$E_{固态粪污}$ —— 标准化固态粪污处理设施单位畜禽氨排放系数，kg 氨/［头（羽）·年］（奶牛、蛋鸡），kg/［头（羽）·年］（生猪、肉牛、肉鸡）；

$F_{圈舍}$ —— 圈舍单位畜禽的氨排放系数占单位畜禽总的氨排放系数的比例，%；

$F_{液态粪污}$ —— 液态粪污处理设施单位畜禽氨排放系数占单位畜禽总的氨排放系数的比例，%；

$F_{固态粪污}$ —— 固态粪污处理设施单位畜禽氨排放系数占单位畜禽总的氨排放系数的比例，%；

$E_{畜禽}$ —— 模型清单文献单位畜禽氨排放综合系数，kg/［头（羽）·年］；

T —— 畜禽养殖周期。

【计算示例】

以生猪为例，获取文献生猪氨排放系数结果 X[kg/(头·年)]，根据欧盟 EEA 氨排放清单计算方法获得生猪圈舍氨排放占比 $a\%$、液态粪污氨排放占比 $b\%$、固态粪污氨排放占比 $c\%$，养殖周期以 T 天计，获得模型清单文献圈舍与液态粪污、固态粪污氨排放标准化系数：

$$E_{圈舍}=X\times a\%\times\frac{T}{365}\ （kg/头）$$

$$E_{液态粪污}=X\times b\%\times\frac{T}{365}\times k_3\ （kg/头）$$

$$E_{固态粪污}=X\times c\%\times\frac{T}{365}\ （kg/头）$$

（2）实测系数

根据实测系数与本次普查系数差异，分圈舍阶段和粪污存储阶段进行标准化，圈舍阶段通过生长阶段率定关系、育雏关系和季节分配关系进行标准化，粪污存储阶段进行季节分配关系率定，本次普查系数通过将养殖周期换算到整年确保二者单位一致，如图 5.4 所示。

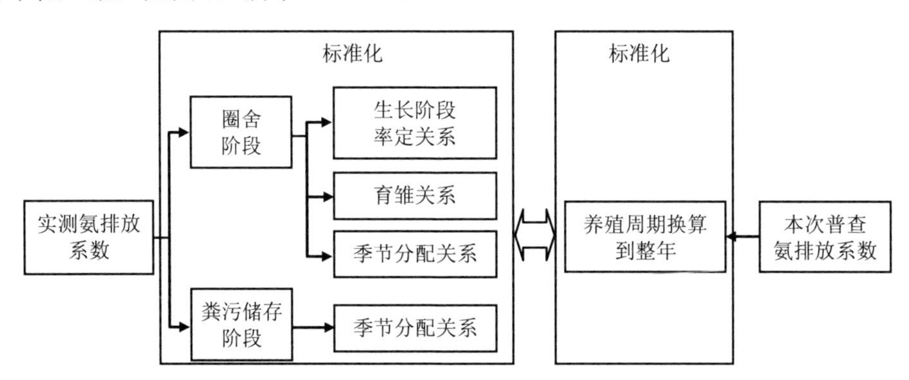

图 5.4 实测系数标准化思路

文献实测系数标准化具体公式如下：

$$E_{圈舍}=\frac{F_{圈舍}\times T\times k_2}{k_1\times S\times 1\,000} \tag{5.4}$$

$$E_{液态粪污}=\frac{F_{液态粪污}\times T\times k_3}{S\times 1\,000} \tag{5.5}$$

$$E_{固态粪污}=\frac{F_{固态粪污}\times T}{S\times 1\,000} \tag{5.6}$$

式中，$E_{圈舍}$ —— 标准化圈舍单位畜禽氨排放系数，kg/［头（羽）·年］（奶牛、蛋鸡），kg/［头（羽）·年］（生猪、肉牛、肉鸡）；

$E_{液态粪污}$ —— 标准化液态粪污处理设施单位畜禽氨排放系数，kg/［头（羽）·年］（奶牛、蛋鸡），kg/［头（羽）·年］（生猪、肉牛、肉鸡）；

$E_{固态粪污}$ —— 标准化固态粪污处理设施单位畜禽氨排放系数，kg/［头（羽）·年］（奶牛、蛋鸡），kg/［头（羽）·年］（生猪、肉牛、肉鸡）；

$F_{圈舍}$ —— 实测文献单位畜禽圈舍阶段的氨日排放通量，g/［头（羽）·天］；

$F_{液态粪污}$ —— 实测文献单位畜禽液态粪污处理设施氨日排放通量，g/［头（羽）·天］；

$F_{固态粪污}$ —— 实测文献单位畜禽固态粪污处理设施氨日排放通量，g/［头（羽）·天］；

S —— 季节分配系数，通过普查系数的季节分配关系获得；

k_1 —— 生长阶段率定参数（见 2.2）；

k_2 —— 育雏关系率定参数（见 2.2）；

k_3 —— 特殊自然条件率定参数（见 2.2）；

T —— 畜禽养殖周期。

【计算示例】

以生猪为例，获取文献实测在××县××生猪养殖场夏季的氨排放系数结果 X［g/（头·天）］。通过普查系数的季节分配关系，即××县普查夏季系数与××县全年系数的比例，获得圈舍季节分配系数 S 为 $a\%$，液态粪污季节分配参数 S 为 $b\%$，固态粪污季节分配系数 S 为 $c\%$；圈舍环节结合本方法的生长阶段率定参数 k_1 与育雏关系率定系数 k_2，液态粪污环节结合特殊自然条件率定参数 k_3，养殖周期以 T 天计，获得实测文献圈舍与液态、固态粪污氨排放标准化参数：

$E_{圈舍}$=（$X\times T\times k_2$）/（$k_1\times a\%\times 1\,000$）（kg/头）

$E_{液态粪污}$=（$X\times T\times k_3$）/（$b\%\times 1\,000$）（kg/头）

$E_{固态粪污}$=（$X\times T$）/（$c\%\times 1\,000$）（kg/头）

5.2.1.4 普查与文献标准化系数对比

首先，对标准化后的文献系数按畜种和养殖模式进行归类，对每类数据进行异常值检验，剔除高度异常值。然后，运用 SPSS 软件或其他相关统计软件进行数据分布和统计制图，运用 SPSS 软件针对汇总结果进行频数分布统计，即文献标准化系数进行正态分布后频次较高系数是否存在于普查系数范围内，评估普查系数的准确性。

（1）数据的离群值检验

对标准化后的文献系数与普查系数按畜种和养殖模式进行归类，对每类数据进行离群值检验，从而合理地选择和应用监测数据。

离群值又称异常值，是样本中的个别值，其数值明显偏离其余观测值。离群值可能是总体固有的随机变异性的极端表现，这种异常值和样本中其余观测值属于同一总体；离群值也可能是由于实验条件和方法的偶然变化产生的后果，或由于观测、计算、记录的失误所致，这种离群值和样本中其余观测值不属于同一总体。在测量中，离群值就是含粗差（粗大误差、疏失误差）的测量值，粗差是明显超出规定条件下预期的误差。测量中的疏忽（如读错、记错、算错、仪器有故障、操作不当）和巨大误差（残差的绝对值特别大）都是粗差。要判断一个数值是否是离群值，应依据充分的测量知识和离群值判断准则，判断为离群值后才能剔除。

（2）离群值检验的方法

根据《数据的统计处理和解释正态样本异常值的判断和处理》（GB 4883—85）[150]，目前常用的检验方法有 Grubbs 准则和 Dixon 准则。

①Grubbs 准则。对于观测值，由小到大计算统计量 G_n 和 G_n'：

$$G_n = \frac{x_n - \overline{x}}{s} \tag{5.7}$$

$$G_n' = \frac{\overline{x} - x_1}{s} \tag{5.8}$$

$$s = \sqrt{\frac{\sum_{i=1}^{n}(x_i - \overline{x})^2}{n-1}} \tag{5.9}$$

式中，x_n —— 最大观测值；

$\bar{x}$ —— 样本均值；

s —— 样本标准偏差；

x_1 —— 最小观测值；

x_i —— 第 i 个样本值；

n —— 观测值个数。

确定检出水平α，在“Grubbs 检验法临界值表”中查出对应 n，$\alpha/2$ 的临界值 $G_{1-\alpha/2}$（n）。

当 $G_n > G'_n$ 且 $G_n > G_{1-\alpha/2}$（n）时，判断 x_n 为异常值；当 $G_n > G'_n$ 且 $G'_n > G_{1-\alpha/2}$（n）时，判断 x_1 为异常值；否则，判断不存在异常值。

②Dixon 准则。对于按由小到大顺序排列的观测值 $x_{(1)}$，$x_{(2)}$，…，$x_{(n)}$，计算临界值 D 和 D'（表 5.17）。

表 5.17　Dixon 准则中临界值计算

样本数（n）	检验高端异常值 D	检验低端异常值 D'
3～7	$D=r_{10}=\dfrac{x_{(n)}-x_{(n-1)}}{x_{(n)}-x_{(1)}}$	$D'=r'_{10}=\dfrac{x_{(2)}-x_{(1)}}{x_{(n)}-x_{(1)}}$
8～10	$D=r_{11}=\dfrac{x_{(n)}-x_{(n-1)}}{x_{(n)}-x_{(2)}}$	$D'=r'_{11}=\dfrac{x_{(2)}-x_{(1)}}{x_{(n-1)}-x_{(1)}}$
11～13	$D=r_{21}=\dfrac{x_{(n)}-x_{(n-2)}}{x_{(n)}-x_{(2)}}$	$D'=r'_{21}=\dfrac{x_{(3)}-x_{(1)}}{x_{(n-1)}-x_{(1)}}$
14～30	$D=r_{22}=\dfrac{x_{(n)}-x_{(n-2)}}{x_{(n)}-x_{(3)}}$	$D'=r'_{22}=\dfrac{x_{(3)}-x_{(1)}}{x_{(n-2)}-x_{(1)}}$

注：r_{10} 表示样本数为 3～7 时的高端异常值，r'_{10} 表示样本数为 3～7 时的低端异常值，表中同样字母不同下标针对的是不同样本时的相应值。

在“Dixon 检验法临界值表”中查出对应 n，α的临界值 $\tilde{D}_{1-\alpha}(n)$。当 $D>D'$ 且 $D>\tilde{D}_{1-\alpha}(n)$ 时，判断 $x_{(n)}$ 为异常值；当 $D'>D$ 且 $D'>\tilde{D}_{1-\alpha}(n)$ 时，判断 $x_{(1)}$ 为异常值；否则，判断不存在异常值。

③数据离群值检验。在判断单个异常值时，Grubbs 检验法具有判断异常值的功效最优性，因此选取该方法进行监测数据最大值或最小值的异常值检验，针对各率定系数分别检验数据的离群性。

（3）数据分析

主要针对文献标准化系数结果与普查系数结果数据进行汇总，对汇总结果进行数据离群值检验并分析部分离群值出现的可能原因。计算基本统计量（平均值、中位数、标准差、峰度和偏度），运用 SPSS 软件或其他相关统计软件进行数据分布和统计制图，运用 SPSS 软件针对汇总结果进行频数分布统计，分析文献标准化系数与普查系数分布的范围和差异性。

5.2.2 实测点系数校核

通过一定数量的实测点获取氨排放系数与本次普查系数进行校核。实测点布设按照 5 类畜种、主要养殖模式、全国主体气候分区全覆盖、权威监测方法全比较的原则，规模化养殖和养殖户实测点的比例均不低于 30%。从系数手册中挑选出对应的普查氨排放系数与验证点监测结果进行误差分析，包括全国各大区验证监测点误差分析、全国五大畜种验证监测点误差分析、规模化养殖畜禽不同阶段误差分析、非规模化养殖验证误差分析、不同类型监测方法误差分析。相对误差应不低于 20%。

5.3 核算质量控制

围绕核算过程中容易出现的数据错漏、不符合逻辑等问题，提出核算质量控制要求，就核算过程中出现的典型错误提出修改意见，以提高畜禽养殖氨排放量核算的准确性。

5.3.1 养殖基量填报质量控制

（1）规模化养殖场：根据《第二次污染源普查报表制度》中规模化养殖的划分标准设定基量下限，根据 2017 年畜禽统计年鉴中规模化养殖场最大养殖量设置基量上限，具体上下限划分标准见表 5.18。在实际填报过程中，将未达到规模化养殖基量下限的养殖场纳入规模化类别并填报养殖量的错误，此类养殖场应纳入养殖户报表中进行养殖量填报，或出现了填入了远超过上限的养殖基量，此类过大数据不符合我国 2017 年的养殖实情，建议重新审核后填报（图 4.3）。

表 5.18　规模化养殖场养殖基量上下限划分

规模化养殖场上报基量	基量下限（大于等于）	基量上限（小于等于）
生猪（全年出栏量）/头	500	500 000
奶牛（年末存栏量）/头	100	50 000
肉牛（全年出栏量）/头	50	50 000
蛋鸡（年末存栏量）/羽	2 000	3 000 000
肉鸡（全年出栏量）/羽	10 000	5 000 000

（2）养殖户：①养殖户各种畜类单位是万头（万羽），部分上报数据以头（羽）为单位填报，导致填报数据过大，填报时需注意单位；②养殖量总项大于等于分项，如生猪＜500 头的填报量小于生猪＜50 的填报量（图 5.5）。

指标名称	计量单位	代码	指标值									
			生猪		奶牛		肉牛		蛋鸡		肉鸡	
			年出栏<500头	年出栏<50头		年存栏<5头		年出栏<10头		年存栏<500羽		年出栏<2000羽
甲	乙	丙	1	2	3	4	5	6	7	8	9	10
一、养殖户情况	—	—	—	—	—	—	—	—	—	—	—	—
养殖户数量	个	01										
出栏量	万头（万羽）	02			—	—			—	—		
存栏量	万头（万羽）	03	—	—			—	—			—	—

注意单位

图 5.5　《第二次全国污染源普查报表制度》中 N202 表养殖户基量错误示例

5.3.2 清粪方式填报质量控制

（1）规模化养殖场：在对应畜种（生猪/肉牛/肉鸡）有出栏量或（奶牛/蛋鸡）有存栏量的情况下，规模化养殖场均有完整规范的养殖模式和与其相应的清粪方式，在数据审核过程中发现部分规模化养殖场清粪方式未填报，导致基量与系数手册系数无法匹配，无法核算氨排放量，出现此类漏填需要补充填报清粪方式（图 5.6）。

06. 企业地理坐标	经度：______度______分________秒　纬度：______度______分________秒
07. 联系方式	联系人：　　　　　　　　电话号码：
08. 养殖种类	□ □ □ □ □　1 生猪　2 奶牛　3 肉牛　4 蛋鸡　5 肉鸡　（可多选）
09. 圈舍清粪方式 必须填写	□　1 人工干清粪　2 机械干清粪　3 垫草垫料　4 高床养殖　5 水冲粪　6 水泡粪
10. 圈舍通风方式	□　1 封闭式　2 开放式
11. 原水存储设施	设施类型 □　1 土坑　2 砖池　3 水泥池　4 贴膜防渗池
	池口方式 □　1 封闭式　2 开放式　如为开放式，池口面积：________平方米
	容积：______立方米

图 5.6 《第二次全国污染源普查报表制度》中 N101-1 表清粪方式错误示例

（2）养殖户：①在对应畜种（生猪/肉牛/肉鸡）有出栏量或（奶牛/蛋鸡）有存栏量的情况下，应填报清粪方式，理由同上。②在普查报表设计过程中，共给出 6 种清粪方式，填报过程应在此 6 种清粪方式范围内进行，在数据审核过程中发现，在对应畜种（生猪/肉牛/肉鸡）有出栏量或（奶牛/蛋鸡）有存栏量的情况下，6 种清粪方式比例之和大于或小于 100%，不符合逻辑，需重新核实，确保比例之和等于 100%（图 5.7）。

二、清粪方式	—	—	必须填写	—	—	—	—
干清粪	%	04					
水冲粪	%	05					
水泡粪	%	06					
垫草垫料	%	07					
高床养殖	%	08					
其他	%	09					

（比例之和应为 100%）

图 5.7 《第二次全国污染源普查报表制度》中 N202 表清粪方式错误示例

5.3.3 废水处理工艺填报质量控制

规模化养殖场：根据生产实际情况，生猪与奶牛在圈舍的活动过程中必定会产生尿液（鸡等禽类不产生尿液），且生猪与奶牛的人工干清粪、机械干清粪、高床养殖、水冲粪、水泡粪等清粪过程均为用水过程，必定会产生尿液废水，部分报表在出现上述畜种与清粪方式搭配的情况下，并未填报尿液废水处理工艺指标，不符合生产实际。故提出要求：如出现指标 08 养殖种类勾选了生猪、奶牛的任一种情况下，指标 09 勾选了人工干清粪、机械干清粪、高床养殖、水冲粪、水泡粪的任一种，则尿液废水处理工艺指标必填（图 5.8）。

06. 企业地理坐标	经度：____度____分____秒　纬度：____度____分____秒
07. 联系方式	联系人：　　电话号码：
08. 养殖种类 若出现特定模式	□ □ □ □ □　1 生猪　2 奶牛　3 肉牛　4 蛋鸡　5 肉鸡　（可多选）
09. 圈舍清粪方式	□　1 人工干清粪　2 机械干清粪　3 垫草垫料　4 高床养殖　5 水冲粪　6 水泡粪
10. 圈舍通风方式	□　1 封闭式　2 开放式
11. 原水存储设施	设施类型 □　1 土坑　2 砖池　3 水泥池　4 贴膜防渗池
	池口方式 □　1 封闭式　2 开放式　如为开放式，池口面积：____平方米
	容积：　立方米
必须填写 12. 尿液废水处理工艺	□ □ □ □ □ □ □ □ □ □□ 1 固液分离　2 肥水储存　3 厌氧发酵　4 好氧处理　5 液体有机肥生产　6 氧化塘处理 7 人工湿地　8 膜处理　9 无处理　10 其他（请注明）__（可多选，按工艺流程填序号）

图 5.8 《第二次全国污染源普查报表制度》中 N101-1 表污水处理工艺错误示例

5.3.4 粪便处理工艺填报质量控制

规模化养殖场：根据生产实际情况，不同于水冲粪、水泡粪等清粪模式，人工干清粪、机械干清粪、高床养殖与垫草垫料清粪过程中均会存留固体粪便，部分报表在出现上述清粪方式的情况下，并未填报粪便处理工艺指标，不符合生产实际。故提出要求：指标 09 如勾选了人工干清粪、机械干清粪或高床养殖的任一种，则粪便处理工艺指标必填，否则不符合逻辑（图 5.9）。

08. 养殖种类	□ □ □ □ □ 1 生猪 2 奶牛 3 肉牛 4 蛋鸡 5 肉鸡 （可多选）
若出现特定模式 09. 圈舍清粪方式	□ 1 人工干清粪 2 机械干清粪 3 垫草垫料 4 高床养殖 5 水冲粪 6 水泡粪
10. 圈舍通风方式	□ 1 封闭式 2 开放式
11. 原水存储设施	设施类型 □ 1 土坑 2 砖池 3 水泥池 4 贴膜防渗池
	池口方式 □ 1 封闭式 2 开放式 如为开放式，池口面积：_________平方米
	容积：_______立方米
12. 尿液废水处理工艺	□ □ □ □ □ □ □ □ □ □ □□ 1 固液分离 2 肥水贮存 3 厌氧发酵 4 好氧处理 5 液体有机肥生产 6 氧化塘处理 7 人工湿地 8 膜处理 9 无处理 10 其他（请注明）__（可多选，按工艺流程填序号）
13. 尿液废水处理设施	□ □ □ □ □ □ □ □ □ □ 1 固液分离机 2 沼液贮存池 3 厌氧发酵池/罐 4 好氧池/曝气池 5 场内液肥生产线 6 氧化塘 7 多级沉淀池 8 膜处理装置 9 其他（请注明）________（可多选）
14. 尿液废水处理利用方式及比例	□ □ □ □ □ □ □ □ □ □ □□ 1 肥水利用____% 2 沼液还田____% 3 场内生产液体有机肥___% 4 异位发酵床____% 5 鱼塘养殖____% 6 场区循环利用____% 7 委托处理_____% 8 达标排放____% 9 直接排放____% 10 其他（请注明）______________（可多选）
15. 粪便存储设施	是否防雨 □ 1. 是 2. 否 是否防渗 □ 1. 是 2. 否 容积： 立方米
16. 粪便处理工艺 必须填写	□ □ □ □ □ □ □ 1 堆肥发酵 2 固态有机肥生产 3 生产沼气 4 生产垫料 5 生产基质 6 其他（请注明）____

图 5.9 《第二次全国污染源普查报表制度》中 N101-1 表粪便处理工艺错误示例

第 6 章

研究展望

6.1 创新性

6.1.1 建立了具有高度代表性的地理分区结合气候分区的畜禽养殖全类型系数监测布点方法

对畜禽养殖不同类型圈舍、液态粪污处理设施和固态粪污处理设施进一步细分，目前我国畜禽养殖圈舍通风方式主要有封闭式和开放式，清粪方式包括人工干清粪、机械干清粪、垫草垫料、高床养殖、水冲粪、水泡粪等；液态粪污的处理方式主要有肥水储存、固液分离、厌氧发酵、好氧处理、液体有机肥生产、氧化塘处理、人工湿地、膜处理、无处理等；固态粪污处理方式主要有堆肥发酵、固态有机肥生产、生产沼气、生产垫料、生产基质等。对这些类型系数进行了全覆盖监测；将全国气候分为 8 个温湿度段，在全国各大区均匀布点，采用温湿度区段氨排放与温湿度响应关系综合拟合原则，即全国各大区符合某一温湿度段的监测点数据均纳入该温湿度统一进行拟合，最终分别获取 8 个温湿度段氨排放与温湿度响应关系模型，各温湿度段出现频次与不同温湿度段涵盖的监测点数量占比高度一致，表明监测点在全国各大区均匀布设的前提下较好地反映了全国气候分区状况，且由于某养殖模式单一温湿度段内包含了全国各大区监测点，充分反映了各大区不同的禽养殖管理水平差异，拟合出的氨排放温湿度响应关系更符合全国畜禽养殖的平均状况，因此具有高度代表性。

6.1.2　建立了基于气候因子表征具备高时空分辨率优点的畜禽养殖氨排放系数率定方法

氨排放系数随温湿度等气候条件差异显著。我国幅员辽阔，各个大区内部气候条件存在显著差异，以华北地区为例，其由南往北跨越 22 个纬度，首先获取不同养殖模式在不同温度、湿度条件下氨排放温湿度响应关系模型，模型数据来源于不同区域不同季节符合该温度、湿度条件的监测点实地监测的畜禽养殖氨排放数据；其次根据全国各县（区）2017 年平均温湿度，分别代入全国 8 个温湿度段的氨排放响应关系模型，核算该区域不同养殖模式全年氨气排放量，进而获取各县（区）不同养殖模式氨排放系数，既体现了全国各大区内部不同区域的排放差异，也消除了过去大区内仅一套系数导致的不同大区相邻区县系数差距较大的问题。

6.1.3　构建了与畜禽养殖水污染物普查框架下的普查报表相适应的氨排放核算体系

针对畜禽水污染物，“二污普”主要通过原始产污系数监测和相关粪污处理设施处理效率监测获取排污系数，这就对普查报表制度中粪污处理设施处理参数填报提出了更高要求；针对氨，由于采用了畜禽种类、圈舍种类、粪污处理模式全覆盖监测原则，对畜禽生长阶段、畜禽育雏等因素进行了归一化处理，获取了畜禽养殖全类型氨排放系数，系数制定的复杂化带来了报表制度填报的简单化，地方非专业普查员只需勾选养殖模式并统计填报每种养殖模式对应畜禽的年出栏数或存栏数，乘以对应模式的氨排放系数即可得到排放量，极大地提升了氨排放清单核算精度，也实现了畜禽养殖气、水污染物报表制度协同普查目标。

6.2　不确定性分析

6.2.1　尚不能完全反映不同畜禽品种氨排放差异

我国饲养畜禽动物种类繁多，生猪培育品种包括北京黑猪、山西黑猪、哈尔滨白猪、三江白猪、东北花猪、新淮猪和引入品种兰德瑞斯猪（长白猪）、约克夏猪（大白猪）、杜洛克猪、汉普夏猪、皮特兰猪、巴克夏猪、苏中猪等；鸡培育品种包括北京白鸡、北京红鸡、滨白鸡、仙居鸡（梅林鸡）、白耳黄鸡、罗曼褐蛋鸡、伊莎褐蛋鸡、罗斯褐蛋鸡、海兰褐蛋鸡、星杂 288（白）蛋鸡、尼克红蛋鸡、黄羽肉鸡、白羽肉鸡、桃源鸡、肖山鸡、狼山鸡、北京油鸡、杏花鸡、浦东鸡、惠阳鸡、固始鸡、河田鸡、丝羽乌骨鸡等；牛培育品种包括黑白花奶牛、新疆褐牛、草原红牛、三河牛、秦川牛、鲁西黄牛、西门塔尔牛、夏洛来牛、利木赞牛、安格斯牛、海福特牛等[89]。不同畜禽品种存在氨排放差异，“二污普”监测所选畜种均为我国普遍养殖品种，具有大类代表性，因经费体量有限，监测点不能完全覆盖各养殖畜禽种类，率定系数数值尚不能完全反映各类畜种综合排放情况。

6.2.2 尚不能进行高频全国温湿度分区核算

我国幅员辽阔，各地温湿度差异极大，2017 年全国温度范围为−26.09～33.45℃，平均为 14.22℃；湿度范围为 13.05%～93.47%，平均为 67.79%，在系数率定过程中，按温湿度仅将全国分为 8 个区段（10℃一个温度段、50%一个湿度段），跨度较大，尚不能高频覆盖全国温湿度区域，如部分地区温湿度因位于 2 个相邻温湿度分段界限处，而被强行纳入一个温湿度段，部分极端高温高湿、低温低湿区域不能在全国分区段中得到较好体现，导致区域系数率定精度下降。

6.2.3 尚不能代表最先进监测技术方法

“二污普”系数监测工作，根据养殖模式氨排放节点及排放特征，分别采用通量计算法、二氧化碳平衡法和动态箱法对开放式圈舍、封闭式圈舍及液态（固态）粪污处理设施开展系数监测，上述方法均为国际通用监测技术方法，具有操作简便、成本较低、结果相对可靠等优点。但与目前国际上最为先进可靠的微气象印痕反演法在测试精度上还存在差距。

6.3 研究展望

6.3.1 建立畜禽养殖氨排放监测标准方法

目前，我国并没有制定目的和适用范围能支撑畜禽养殖氨排放监测、排放量核算与监管的相关标准。因此，制定畜禽养殖场氨排放监测技术规范，不仅可为我国畜禽养殖氨排放监测提供依据，而且对畜禽养殖氨排放核算和氨排放控制成效评估具有重要意义。

6.3.2 畜禽养殖氨排放通量与温湿度高频响应关系与重点区域高分辨率畜禽养殖系数率定研究

畜禽养殖氨排放系数的大小对关键气象影响因子（如温度、湿度）的变化极为敏感，温湿度的细微改变可导致氨排放系数产生显著差异，因此，在重点大气控制区域开展全养殖模式全畜种氨排放通量高频监测及其与温湿度响应关系获取研究，进一步细化温湿度分区，拟合全养殖畜种（生猪、肉鸡、蛋鸡、肉牛、奶牛、羊、鸭等）氨排放通量与温湿度响应关系，为重点区域精细化氨排放系数手册的制定提供数据支撑。针对影响畜禽养殖氨排放系数的关键气象因子（温度和湿度），基于高时空分辨率气象模型，选取典型畜禽养殖地区，模拟计算该地区高时空分辨率的气象场，得到空间分辨率细化至 $1\ km^2 \times 1\ km^2$，时间分辨率细化至小于 1 h 的温湿度数据，并在此基础上得出与该时空分辨率一致的畜禽养殖氨排放系数。

6.3.3 养殖活动水平高分辨率获取技术研究

目前，工业大气污染物排放清单制定较为精细，基本实现动态化，部分区域时空分辨率较高，为实现农业氨高效同步减排[151]，对制定农业氨高分辨率排放清单提出了更高要求[152]。基于氨排放与温湿度响应关系模型的核算方法实现了畜禽氨排放系数的时空高分辨率动态更新，由于养殖活动水平动态变化难以获取制约了高分辨率清单的制定，下一步应重点加强相关研究。

参考文献

[1] 董红敏，朱志平，黄宏坤，等. 畜禽养殖业产污系数和排污系数计算方法[J]. 农业工程学报，2011，27（1）：303-308.

[2] 董红敏. 畜禽养殖业粪便污染监测核算方法与产排污系数手册[M]. 北京：科学出版社，2019.

[3] 刘峥延，毛显强，江河. “十四五”时期生态环境保护重点方向和策略[J]. 环境保护，2019，47（9）：37-41.

[4] 张震，赵银慧，王军霞，等. 对第二次全国污染源普查的若干思考和建议[J]. 环境保护，2017，45（7）：52-55.

[5] 第一次全国污染源普查资料编纂委员会. 污染源普查产排污系数手册[M]. 北京：中国环境科学出版社，2011.

[6] 周元军. 畜禽粪便对环境的污染及治理对策[J]. 医学动物防制，2003（6）：350-354.

[7] 王建彬，田林春，王倩倩，等. 谈利用营养调控减少猪粪尿中氮、磷对环境的污染[J]. 猪业科学，2009，26（2）：62-64.

[8] Philippe F，Cabaraux J F，Nicks B. Ammonia emissions from pig houses：influencing factors and mitigation techniques[J]. Agriculture Ecosystems & Environment，2011，141（3）：245-260.

[9] LA G. 4-Role of Dietary fibre in the pig diets[J]. Recent Advances in Animal Nutrition，1985，55（3）：87-112.

[10] Webb J，Broomfield M，Jones S，et al. Ammonia and odour emissions from UK pig farms and nitrogen leaching from outdoor pig production. A review[J]. Science of the Total Environment，2014，470（1）：865-875.

[11] O'Shea J，Lynch B，Lynch M，et al. Ammonia emissions and dry matter of separated pig manure fractions as affected by crude protein concentration and sugar beet pulp inclusion of finishing pig diets[J]. Agriculture，Ecosystems & Environment，2009，131（3/4）：154-160.

[12] X P F，V R，Y D J. Food fibers in gestating sows：effects on nutrition，behaviour，performances and waste in the environment[J]. INRA Productions Animales，2008，121（2）：277-290.

[13] G L A B，J C J，E B V，et al. Apparent component digestibility and manure ammonia emission in finishing pigs fed diets based on barley，maize or wheat prepared without or with exogenous non-starch polysaccharide enzymes[J]. Animal Feed Science and Technology，2007，135（1/2）：86-99.

[14] Curran T P，O'Connell M J，O'Doherty J V，et al. The effect of cereal type and enzyme addition on pig performance，intestinal microflora，and ammonia and odour emissions[J]. Animal，2007，1（5）：751-757.

[15] Velthof G L，Nelemans J A，Oenema O，et al. Gaseous nitrogen and carbon losses from pig manure derived from different diets[J]. Journal of Environmental Quality，2005，34（2）：698.

[16] Tiwari J，Barrington S，Zhao X. Effect on manure characteristics of supplementing grower hog ration with clinoptilolite[J]. Microporous & Mesoporous Materials，2009，118（1-3）：93-99.

[17] Wang Y，Cho J H，Chen Y J，et al. The effect of probiotic BioPlus 2B®；on growth performance，dry matter and nitrogen digestibility and slurry noxious gas emission in growing pigs[J]. Livestock Science，2009，120（1）：35-42.

[18] Beusen A H W，Bouwman A F，Heuberger P S C，et al. Bottom-up uncertainty estimates of global ammonia emissions from global agricultural production systems[J]. Atmospheric Environment，2008，42（24）：6067-6077.

[19] GA H，S. G，EL C，et al. A dynamic model of ammonia emission from urine puddles[J]. Biosystems Engineering，2008，99（3）：390-402.

[20] 朱科峰，曹静，梁万杰，等. 物联网猪舍氨气浓度与环境数据的关系研究[J]. 江苏农业科学，2015，43（12）：462-464.

[21] Granier R，Guingand N，Massabie P. Influence of hygrometry，temperature and air flow rate on the evolution of ammonia levels[J]. Journée de la Recherche Porcine，1996，28（1）：209-216.

[22] Blanesvidal，Hansen M N，et al. Emissions of ammonia，methane and nitrous oxide from pig houses and slurry：effects of rooting material，animal activity and ventilation flow[J]. Agriculture Ecosystems & Environment，2008，124（3）：237-244.

[23] Ye Z，Zhang G，Seo I H，et al. Airflow characteristics at the surface of manure in a storage pit affected by ventilation rate，floor slat opening，and headspace height[J]. Biosystems Engineering，2009，104（1）：97-105.

[24] Jeppsson K H. SE—Structures and environment：diurnal variation in ammonia，carbon dioxide and water vapour emission from an uninsulated，deep litter building for growing/finishing pigs[J]. Biosystems Engineering，2002，81（2）：213-223.

[25] Aarnink A J A，Wagemans M J M. Ammonia volatilization and dust concentration as affected by ventilation systems in houses for fattening pigs[J]. Transactions of the Asae，1997，40（4）：1161-1170.

[26] Yasuda T，Kuroda K，Fukumoto Y，et al. Evaluation of full-scale biofilter with rockwool mixture treating ammonia gas from livestock manure composting[J]. Bioresource Technology，2009，99（4）：1568-1572.

[27] Aarnink A J A，Berg A J V D，Keen A，et al. Effect of slatted floor area on ammonia emission and on the excretory and lying behaviour of growing pigs[J]. Journal of Agricultural Engineering Research，1996，64（4）：299-310.

[28] Hartung J，Phillips V R. Control of gaseous emissions from livestock buildings and manure stores[J]. Journal of Agricultural Engineering Research，1994，57（3）：173-189.

[29] Ki Youn K，Han J K，Hyeon T K，et al. Quantification of ammonia and hydrogen sulfide emitted from pig buildings in Korea[J]. Journal of Environmental Management，2008，88（2）：195-202.

[30] Romain A-C，Nicolas J，Cobut P，et al. Continuous odour measurement from fattening pig units[J]. Atmospheric Environment，2013，77（2）：935-942.

[31] Zong C，Feng Y，Zhang G，et al. Effects of different air inlets on indoor air quality and ammonia emission from two experimental fattening pig rooms with partial pit ventilation system—summer condition[J]. Biosystems Engineering，2014，122（2）：163-173.

[32] Calvet S，Gates R S，Zhang G，et al. Measuring gas emissions from livestock buildings：a review on uncertainty analysis and error sources[J]. Biosystems Engineering，2013，116（3）：221-231.

[33] Ogink N W M，Mosquera J，Calvet S，et al. Methods for measuring gas emissions from

naturally ventilated livestock buildings：developments over the last decade and perspectives for improvement[J]. Biosystems Engineering，2013，116（3）：297-308.

[34] Bjerg B，Norton T，Banhazi T，et al. Modelling of ammonia emissions from naturally ventilated livestock buildings，part 1：ammonia release modelling[J]. Biosystems Engineering，2013，116（3）：232-245.

[35] Demmers T G M，Phillips V R，Short L S，et al. SE—structure and environment：validation of ventilation rate measurement methods and the ammonia emission from naturally ventilated dairy and beef buildings in the United Kingdom[J]. Journal of Agricultural Engineering Research，2001，79（1）：107-116.

[36] Samer M，Berg W，Müller H J，et al. Radioactive ^{85}Kr and CO_2-balance for ventilation rate measurements and gaseous emissions quantification through naturally ventilated barns[J]. Transactions of the Asabe，2011，54（3）：1137-1148.

[37] Phillips V R，Lee D S，Scholtens R，et al. SE—structures and environment：a review of methods for measuring emission rates of ammonia from livestock buildings and slurry or manure stores，part 2：monitoring flux rates，concentrations and airflow rates[J]. Journal of Agricultural Engineering Research，2001，78（1）：1-14.

[38] Ozcan S E，Vranken E，Berckmans D. An overview of ventilation rate measuring and modelling techniques through naturally ventilated buildings[M]//Monteny G-J，et al. Ammonia emissions in agriculture. Wageningen：Wageningen Academic Publishers，2007，113（4）：351-353.

[39] Fiedler M，Berg W，Ammon C，et al. Air velocity measurements using ultrasonic anemometers in the animal zone of a naturally ventilated dairy barn[J]. Biosystems Engineering，2013，116（3）：276-285.

[40] Joo H S，Ndegwa P M，Heber A J，et al. A direct method of measuring gaseous emissions from naturally ventilated dairy barns[J]. Atmospheric Environment，2014，86（6）：176-186.

[41] Van Overbeke P，De Vogeleer G，Brusselman E，et al. Development of a reference method for airflow rate measurements through rectangular vents towards application in naturally ventilated animal houses，part 3：application in a test facility in the open[J]. Computers and Electronics in Agriculture，2015，115（7）：97-107.

[42] Bjerg B，Cascone G，Lee I-B，et al. Modelling of ammonia emissions from naturally ventilated livestock buildings，part 3：CFD modelling[J]. Biosystems Engineering，2013，116（3）：259-275.

[43] Bjerg B，Zhang G，Madsen J，et al. Use of gas concentration data for estimation of methane and ammonia emission from naturally ventilated livestock buildings[M]. Canadian Society for Bioengineering，2010.

[44] Pinares-Patiño C S，Clark H. Reliability of the sulfur hexafluoride tracer technique for methane emission measurement from individual animals：an overview[J]. Australian Journal of Experimental Agriculture，2008，48（2）：223-229.

[45] Kiwan A，Berg W，Fiedler M，et al. Air exchange rate measurements in naturally ventilated dairy buildings using the tracer gas decay method with ^{85}Kr，compared to CO_2 mass balance and discharge coefficient methods[J]. Biosystems Engineering，2013，116（3）：286-296.

[46] Lassey K R. On the importance of background sampling in applications of the SF_6 tracer technique to determine ruminant methane emissions[J]. Animal Feed Science and Technology，2013，180（1-4）：115-120.

[47] Scholtens R，Dore C J，Jones B M R，et al. Measuring ammonia emission rates from livestock buildings and manure stores，part 1：development and validation of external tracer ratio，internal tracer ratio and passive flux sampling methods[J]. Atmospheric Environment，2004，38（19）：3003-3015.

[48] Mendes L B，Ogink N W M，Edouard N，et al. NDIR gas sensor for spatial monitoring of carbon dioxide concentrations in naturally ventilated livestock buildings[J]. Sensors，2015，15（5）：11239-11257.

[49] Pedersen S，Blanes-Vidal V，Joergensen H，et al. Carbon dioxide production in animal houses：a literature review[J]. Agricultural Engineering International，2008，101（5）：1239-1257.

[50] Zhang G，Strøm J S，Li B，et al. Emission of ammonia and other contaminant gases from naturally ventilated dairy cattle buildings[J]. Biosystems Engineering，2005，92（3）：355-364.

[51] Ngwabie N M，Jeppsson K H，Gustafsson G，et al. Effects of animal activity and air temperature on methane and ammonia emissions from a naturally ventilated building for dairy cows[J]. Atmospheric Environment，2011，45（37）：6760-6768.

[52] Mendes L B，Edouard N，Ogink N W M，et al. Spatial variability of mixing ratios of ammonia and tracer gases in a naturally ventilated dairy cow barn[J]. Biosystems Engineering，2015，129（9）：360-369.

[53] De Paepe M，Pieters J G，Mendes L B，et al. Wind tunnel study of ammonia transfer from a manure pit fitted with a dairy cattle slatted floor[J]. Environmental Technology，2016，37（2）：202-215.

[54] Sonneveld M P，Schröder J J，de Vos J A，et al. A whole-farm strategy to reduce environmental impacts of nitrogen[J]. Journal of Environmental Quality，2008，37（1）：186-195.

[55] Pereira J，Misselbrook T H，Chadwick D R，et al. Ammonia emissions from naturally ventilated dairy cattle buildings and outdoor concrete yards in Portugal[J]. Atmospheric Environment，2010，44（28）：3413-3421.

[56] Harper L A，Sharpe R R，Parkin T B. Gaseous nitrogen emissions from anaerobic swine lagoons：ammonia，nitrous oxide，and dinitrogen gas[J]. Journal of Environmental Quality，2000，29（4）：1356-1365.

[57] Wagner-Riddle C，Park K-H，Thurtell G W. A micrometeorological mass balance approach for greenhouse gas flux measurements from stored animal manure[J]. Agricultural and Forest Meteorology，2004，136（3）：175-187.

[58] Aneja V P，Chauhan J P，Walker J. Characterization of atmospheric ammonia emissions from swine waste storage and treatment lagoons[J]. Journal of Geophysical Research：Atmospheres，2000，105（D9）.

[59] Stinn J P，Xin H，Shepherd T A，et al. Ammonia and greenhouse gas emissions from a modern U.S. swine breeding-gestation-farrowing system[J]. Atmospheric Environment，2014，98：620-628.

[60] 孙庆瑞，王美蓉. 我国氨的排放量和时空分布[J]. 环境科学，1997，21（5）：590-598.

[61] 徐新华. 江浙沪地区人为 NH_3 排放量的估算[J]. 农村生态环境，1997，31（3）：50-52.

[62] Misselbrook T H，Weerden T J V D，Pain B F，et al. Ammonia emission factors for UK agriculture[J]. Atmospheric Environment，2000，34（6）：871-880.

[63] Brink C. Modeling of emissions of air pollutants and greenhouse gases from agricultural sources in Europe[J]. Interim Report IR-04-048.International Institute for Applied Systems

Analysis（IIASA），Laxenburg，Austria，2004，35（3）：150-152.

[64] Lim T T，Heber A J，Ni J Q. Odor and gas emissions from anaerobic treatment of swine waste[C]//ASAE Annual International Meeting，2000：4387-4399.

[65] 朱志平，董红敏，尚斌，等. 育肥猪舍氨气浓度测定与排放通量的估算[J]. 农业环境科学学报，2006，25（4）：1076-1080.

[66] Kannari A，Baba T T，Murano K. Development of multiple-species 1 km×1 km resolution hourly basis emissions inventory for Japan[J]. Atmospheric Environment，2007，41（16）：3428-3439.

[67] Pain B F，Van der Weerden T J，Chambers B J，et al. A new inventory for ammonia emissions from U.K. agriculture[J]. Atmospheric Environment，1998，32（3）：309-313.

[68] Agency E E，EMEP/EEA air pollutant emission inventory guidebook-2013[M]. the Netherlands，Agency EE，2013.

[69] Ross C A，Scholefield D，Jarvis S C. A model of ammonia volatilisation from a dairy farm：an examination of abatement strategies[J]. Nutrient Cycling in Agroecosystems，2002，64（3）：273-281.

[70] Groenwold J G. Het mest- en ammoniakmodel[R]. Den Haag Lei，2002.

[71] Hutchings N J，Sommer S G，Andersen J M，et al. A detailed ammonia emission inventory for Denmark[J]. Atmospheric Environment，2001，35（11）：1959-1968.

[72] Evert F K，Berge，H. F M，et al. FARMMIN：Modeling Crop-Livestock Nutrient Flows[C]. 2003.

[73] Webb J，Misselbrook T H. A mass-flow model of ammonia emissions from UK livestock production[J]. Atmospheric Environment，2004，38（14）：2163-2176.

[74] Dämmgen U，Lüttich M，Döhler H，et al. GAS-EM—a procedure to calculate gaseous emissions from agriculture[J]. Landbauforschung Volkenrode，2002，52（1）：19-42.

[75] Sommer S G，Hutchings N J. Ammonia emission from field applied manure and its reduction—invited paper[J]. European Journal of Agronomy，2001，15（1）：1-15.

[76] US EPA. National emission inventory—ammonia emissions from animal husbandry operations draft report[R]. Washington DC，2004.

[77] Goebes M D，Strader R，Davidson C. An ammonia emission inventory for fertilizer application

in the United States[J]. Atmospheric Environment，2003，37（18）：2539-2550.

[78] 王文兴，卢筱凤，庞燕波，等. 中国氨的排放强度地理分布[J]. 环境科学学报，1997，17（1）：3-8.

[79] 王振刚，宋振东. 湖北省人为源氨排放的历史分布[J]. 环境科学与技术，2005，28（1）：70-71.

[80] 房效凤，沈根祥，徐昶，等. 上海市农业源氨排放清单及分布特征[J]. 浙江农业学报，2015，27（12）：2177-2185.

[81] 余飞翔，晁娜，吴建，等. 浙江省 2013 年农业源氨排放清单研究[J]. 环境污染与防治，2016，38（10）：41-46.

[82] 张灿，翟崇治，周志恩，等. 重庆市主城区农业源氨排放研究[J]. 中国环境监测，2014（3）：43-49.

[83] 张双，王阿婧，张增杰，等. 北京市人为源氨排放清单的初步建立[J]. 安全与环境学报，2016，16（2）：242-245.

[84] 王阿婧，张双，瞿艳芝，等. 氨排放清单编制的初步研究[J]. 湖北农业科学，2016，11（2）：345-348.

[85] 杨志鹏，基于物质流方法的中国畜牧业氨排放估算及区域比较研究[D]. 北京：北京大学，2008.

[86] 刘东，马林，王方浩，等. 中国猪粪尿 N 产生量及其分布的研究[J]. 农业环境科学学报，2007，26（4）：1591-1595.

[87] 刘东. 中国猪和奶牛粪尿氨（NH_3）挥发的评价研究[D]. 保定：河北农业大学，2007.

[88] 刘东，工方浩，马林，等. 中国猪粪尿 NH_3 排放因子的估算[J]. 农业工程学报，2008，24（4）：218-224.

[89] 耿红，高芳，陈霖，等. 畜禽源氨气排放因子估算方法研究[J]. 环境科学学报，2017，37（8）：3077-3084.

[90] Anderson N，Strader R，Davidson C. Airborne reduced nitrogen：ammonia emissions from agriculture and other sources[J]. Environment International，2003，29（2-3）：277-286.

[91] Koerkamp P W G G root，et al. Concentrations and emissions of ammonia in livestock buildings in Northern Europe[J]. Journal of Agricultural Engineering Research，1998，70（1）：79-95.

[92] Mannebeck H. Comparison of the effects of different systems on ammonia emissions[J]. Odour and Ammonia Emissions from Livestock Farming，1991，14（2）：143-149.

[93] Webb J，Menzi H，Pain B F，et al. Managing ammonia emissions from livestock production in Europe[J]. Environmental Pollution，2005，135（3）：399-406.

[94] 夏阳，杨强，徐昶，等. 基于大数据分析的杭州市农业源高分辨率氨排放清单研究[J]. 环境科学学报，2018，38（2）：661-668.

[95] 杨新明，庄涛，周伟，等. 山东省农业源氨排放清单研究[J]. 农业资源与环境学报，2018，35（6）：568-574.

[96] 沈丽，于兴娜，项磊. 2006—2014 年江苏省氨排放清单[J]. 中国环境科学，2018，38（1）：26-34.

[97] 程龙，郭秀锐，程水源，等. 京津冀农业源氨排放对 $PM_{2.5}$ 的影响[J]. 中国环境科学，2018，38（4）：1579-1588.

[98] 刘春蕾，姚利鹏. 江苏省农业源氨排放分布特征[J]. 安徽农业科学，2016，44（22）：70-74.

[99] 潘涛，薛念涛，孙长虹，等. 北京市畜禽养殖氨排放的分布特征[J]. 环境科学与技术，2015，38（3）：159-162.

[100] 冯小琼，王幸锐，何敏，等. 四川省 2012 年人为源氨排放清单及分布特征[J]. 环境科学学报，2015，35（2）：394-401.

[101] 宣莹莹，陈霖，耿红，等. 太原市 NH_3 排放量估算及地域分布特征分析[J]. 山西农业科学，2015，43（2）：176-179，184.

[102] 刘春蕾，杨峰. 南京市 2013 年人为源大气氨排放清单及特征[J]. 安徽农业科学，2015，43（29）：263-266.

[103] 沈兴玲，尹沙沙，郑君瑜，等. 广东省人为源氨排放清单及减排潜力研究[J]. 环境科学学报，2014，34（1）：43-53.

[104] 王平. 南通市人为源大气氨排放清单及特征[J]. 环境科学与管理，2012，37（11）：25-28.

[105] 董文煊，邢佳，王书肖. 1994—2006 年中国人为源大气氨排放时空分布[J]. 环境科学，2010，31（7）：1457-1463.

[106] Zhang Y，Dore A J，Ma L，et al. Agricultural ammonia emissions inventory and spatial distribution in the North China Plain[J]. Environmental Pollution，2010，158（2）：490-492.

[107] 董艳强，陈长虹，黄成，等. 长江三角洲地区人为源氨排放清单及分布特征[J]. 环境科学

学报，2009，29（8）：1611-1617.

[108] 李富春，韩圣慧，杨俊，等. 川渝地区农业生态系统NH_3排放[J]. 环境科学，2009，30（10）：2823-2831.

[109] Zbigniew K. Current and future emissions of ammonia in China[M].Laxenburg，Austria：International Institute for Applied Systems Analysis（IIASA），2001.

[110] Lin X J，Cortus E L，Zhang R，et al. Ammonia，hydrogen sulfide，carbon dioxide and particulate matter emissions from California high-rise layer houses[J]. Atmospheric Environment，2011，46：81-91.

[111] Joshua F，Yunhee K，Wayne D. Quality improvement for ammonia emission inventory[J]. Washington：United States Environmental Protection Agency，2005，11（2）：492-498.

[112] Liang Y，Xin H，Wheeler E F，et al. Ammonia emissions from u.s. laying hen houses in iowa and pennsylvania[J]. Transactions of the Asae American Society of Agricultural Engineers，2005，48（5）：1927-1941.

[113] Battye W，Aneja V P，Roelle P A. Evaluation and improvement of ammonia emissions inventories[J]. Atmospheric Environment，2003，37（27）：3873-3883.

[114] W P R，Ross S，Cliff D. Ammonia emissions from dairy farms：development of a farm model and estimation of emissions from the United States[J]. Washington：United States Environmental Protection Agency，2003，23（22）：1853-1863.

[115] Aneja V P，Nelson D R，Roelle P A，et al. Agricultural ammonia emissions and ammonium concentrations associated with aerosols and precipitation in the southeast United States[J]. Journal of Geophysical Research Atmospheres，2003，108（4152）.

[116] Aardenne V，J. Uncertainties in emission inventories[D]. the Netherlands，Wageningen University，2002.

[117] Dröge R，Kuenen J J P，Pulles M P J，et al. The revised EMEP/EEA guidebook compared to the country specific inventory system in the Netherlands[J]. Atmospheric Environment，2010，44（29）：3503-3510.

[118] Van Der Hoek K W. Estimating ammonia emission factors in Europe：summary of the work of the UNECE ammonia expert panel[J]. Atmospheric Environment，1998，32（3）：315-316.

[119] Siefert R L，Scudlark J R，Gordon M. Atmospheric emission inventory guide－book：volume

1[J]. Copenhagen，Denmark：European Environment Agency，1996，41（4）：226-238.

[120] European Centre for Ecotoxicology. Ammonia emissions to air in Western Europe[M]. the Netherlands，European Chemical Industry Ecology and Toxicology Center，1994.

[121] Brussels，Belgium. Ammonia Emissions to Air in Western Europe，European Centre for Eco-toxicology and Toxicology of Chemicals（ECETOC）[C]. 1994.

[122] A H A W. Ammonia Emission in Europe：updated emission and emission variation[C]. RIVM，Bilthoven，the Netherlands. 1992.

[123] Apsimon H M，Kruse M，Bell J N B. Ammonia emissions and their role in acid deposition[J]. Elsevier，1967，21（9）：1939-1946.

[124] Bouwman A，Lee D，Asman W A H，et al. A global high - resolution emission inventory for ammonia[J]. Global Biogeochemical Cycles，1997，11（4）.

[125] Smith K A，Jackson D R，Misselbrook T H，et al. PA—precision agriculture：reduction of ammonia emission by slurry application techniques[J]. Journal of Agricultural Engineering Research，2000，77（3）：277-287.

[126] McCulloch R B，Few G S，Murray G C，et al. Analysis of ammonia，ammonium aerosols and acid gases in the atmosphere at a commercial hog farm in eastern North Carolina，USA[J]. Environmental Pollution，1998，102（1）：263-268.

[127] Möller D，Schieferdecker H. Ammonia emission and deposition of NH_x in the G.D.R[J]. Atmospheric Environment，1989，23（6）：1187-1193.

[128] 杨园园，王雪君，刘春敬，等. 应用反演式气体扩散模型测定奶牛养殖场氨排放特征研究[J]. 河北农业大学学报，2016，39（4）：25-30.

[129] 张晓迪，卢庆萍，张宏福，等. 利用呼吸舱测定肉鸡氨气排放的研究[J]. 畜牧兽医学报，2014，45（2）：249-254.

[130] 孙斌，龚飞飞，张浩，等. 新疆地区荷斯坦干奶牛与泌乳牛四季 NH_3 排放量变化的研究[J]. 中国奶牛，2014（1）：1-4.

[131] 周忠凯，朱志平，董红敏，等. 笼养肉鸡生长过程 NH_3、N_2O、CH_4 和 CO_2 的排放[J]. 环境科学，2013，34（6）：2098-2106.

[132] 汪开英，代小蓉，李震宇，等. 不同地面结构的育肥猪舍 NH_3 排放系数[J]. 农业机械学报，2010，41（1）：163-166.

[133] Ning H，Niu Z，Yu R，et al. Identification of genotype 3 hepatitis E virus in fecal samples from a pig farm located in a Shanghai suburb[J]. Veterinary Microbiology，2007，121（1-2）：125-130.

[134] Zhu Z. Measurement of solid manure collection coefficient and composition on a concentrated pig farm[J]. Transactions of the Chinese Society of Agricultural Engineering，2006，98（2）：212-225.

[135] Siefert R L，Scudlark J R. Determination of ammonia emission rates from a tunnel ventilated chicken house using passive samplers and a gaussian dispersion model[J]. Journal of Atmospheric Chemistry，2008，59（2）：99-105.

[136] Topper P A，Wheeler E F，Pescatore A J，et al. Ammonia emissions from twelve U.S. broiler chicken houses[J]. Transactions of the ASAE，2006，49（5）：1495-1512.

[137] Pescatore A J，Casey K D，Gates R S. Ammonia emissions from broiler houses[J]. Journal of Applied Poultry Research，2005，14（14）：635-637.

[138] Rzeźnik W，Mielcarek P，Rzeznik I. Pilot study of greenhouse gases and ammonia emissions from naturally ventilated barns for dairy cows[J]. Polish Journal of Environmental Studies，2016，25（6）：2553-2562.

[139] Keck M，Zeyer K，Emmenegger L，et al. Ammonia emissions and emission factors of naturally ventilated dairy housing with solid floors and an outdoor exercise area in Switzerland[J]. Atmospheric Environment，2012，47（Feb）：183-194.

[140] Ngwabie N M，Jeppsson K-H，Nimmermark S，et al. Multi-location measurements of greenhouse gases and emission rates of methane and ammonia from a naturally-ventilated barn for dairy cows[J]. Biosystems Engineering，2009，103（1）：68-77.

[141] Philippe F-X，Laitat M，Canart B，et al. Comparison of ammonia and greenhouse gas emissions during the fattening of pigs，kept either on fully slatted floor or on deep litter[J]. Livestock Science，2006，111（1）.

[142] Kavolelis B. Impact of animal housing systems on ammonia emission rates[J]. Polish Journal of Environmental Studies，2006，58（2）：212-225.

[143] Aarnink A J A，Hol J M G，Beurskens A G C. Ammonia emission and nutrient load in outdoor runs of laying hens[J]. NJAS - Wageningen Journal of Life Sciences，2006，54（2）：223-233.

[144] Aarnink A J A，Keen A，Metz J H M，et al. Ammonia emission patterns during the growing periods of pigs housed on partially slatted floors[J]. Journal of Agricultural Engineering Research，1995，62（2）：105-116.

[145] Mendes L B，Tinoco I F F，Ogink N W M，et al. Revista brasileira de engenharia agrícola e ambiental - agriambi[M]. BRAZIL，REV BRAS ENG AGR AMB，2014.

[146] TGM D，LR B，JL S，et al. Ammonia emissions from two mechanically ventilated UK livestock buildings[J]. Atmospheric Environment，1999，33（2）：217-227.

[147] Wathes C M，Holden M R，Sneath R W，et al. Concentrations and emission rates of aerial ammonia，nitrous oxide，methane，carbon dioxide，dust and endotoxin in UK broiler and layer houses[J]. British Poultry Science，1997，38（4）：14-28.

[148] 陈园. 上海市典型规模化猪场氨排放特征研究[D]. 上海：华东理工大学，2017.

[149] Baldé H，VanderZaag A C，Burtt S D，et al. Ammonia emissions from liquid manure storages are affected by anaerobic digestion and solid-liquid separation[J]. Agricultural and Forest Meteorology，2018，258.

[150] 国家标准局. 数据的统计处理和解释正态样本异常值的判断和处理：GB 4883—85[S]. 中国标准出版社，1979.

[151] 王书肖，赵斌，吴烨，等. 我国大气细颗粒物污染防治目标和控制措施研究[J]. 中国环境管理，2015，7（2）：37-43.

[152] 王文林，童仪，杜薇，等. 畜禽养殖氨排放清单研究现状与实证[J]. 生态与农村环境学报，2018，34（9）：813-820.